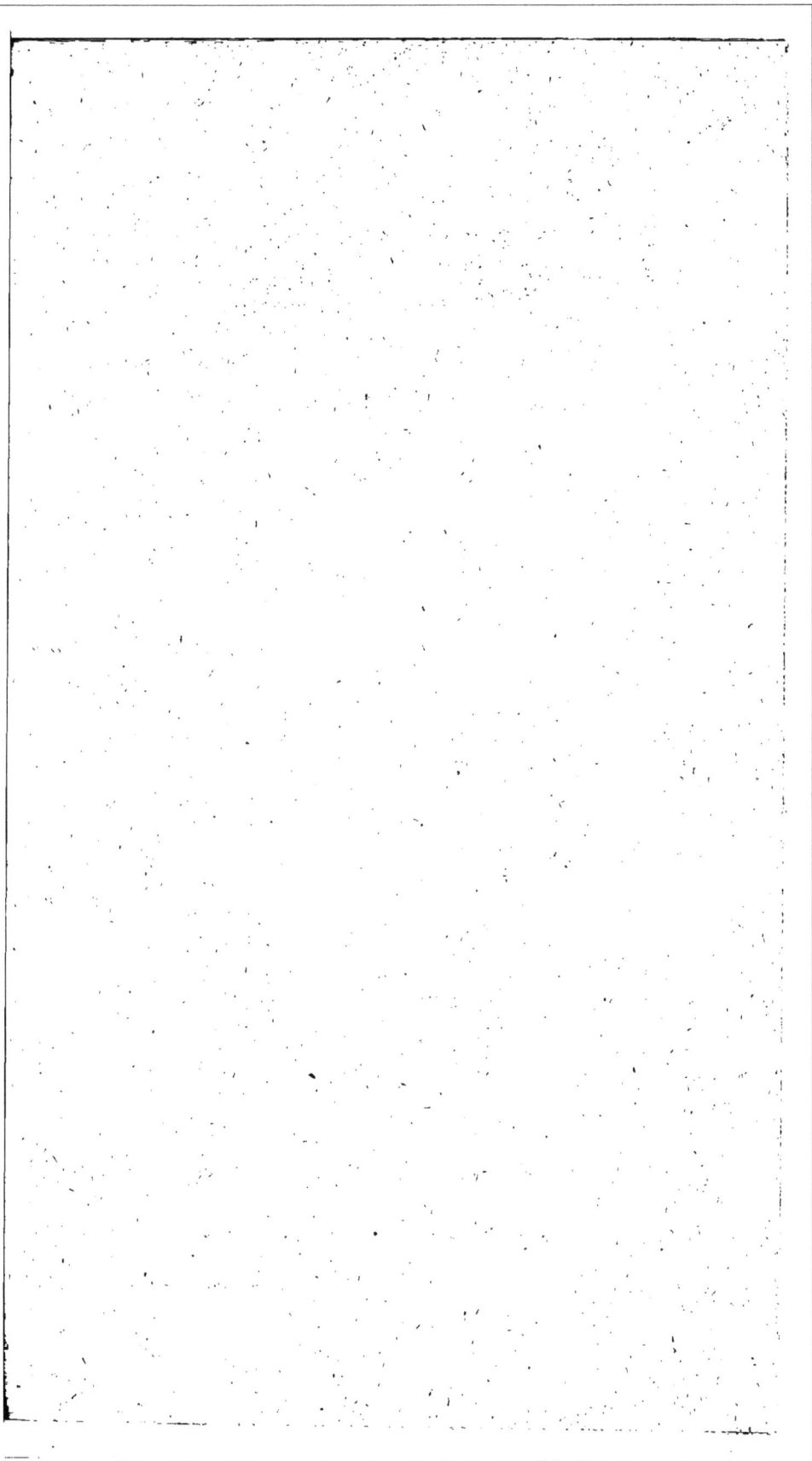

V 2048

186.09

COURS

DE

MATHÉMATIQUES,

A L'USAGE

DES GARDES DU PAVILLON

ET DE LA MARINE.

Par M. BÉZOUT, de l'Académie Royale des Sciences, & de celle de la Marine, Examinateur des Gardes du Pavillon & de la Marine, des Élèves & Aspirans au Corps Royal de l'Artillerie, & Censeur Royal.

PREMIERE PARTIE.

ÉLÉMENS D'ARITHMÉTIQUE.

A PARIS,

DE L'IMPRIMERIE DE PH.-D. PIERRES,
Imprimeur ordinaire du Roi, rue S.-Jacques.

M. DCC. LXXXI.

Avec Approbation, & Privilége du Roi.

A MONSEIGNEUR
LE DUC
DE CHOISEUL,

PAIR DE FRANCE, CHEVALIER DES ORDRES DU ROI ET DE CELUI DE LA TOISON D'OR, COLONEL GÉNÉRAL DES SUISSES ET GRISONS, LIEUTENANT GÉNÉRAL DES ARMÉES DU ROI, GOUVERNEUR DE TOURAINE, GRAND BAILLI D'HAGUENAU, MINISTRE ET SECRÉTAIRE D'ÉTAT DE LA GUERRE ET DE LA MARINE, CHARGÉ DE LA CORRESPONDANCE DES COURS D'ESPAGNE ET DE PORTUGAL, GRAND MAITRE ET SURINTENDANT GÉNÉRAL DES POSTES ET RELAIS DE FRANCE, &c. &c. &c.

MONSEIGNEUR,

En agréant que Votre Nom paroiſſe à la tête de cet Ouvrage, Vous comblez un deſir que plus d'un motif a dû faire naître en moi. Mais rien ne me

a 2

rend cette faveur plus précieuse , que la liberté qu'elle me donne de rendre publics mon respect & ma reconnoissance pour Vous.

En m'admettant à partager avec les Gens de Lettres l'accueil que Vous faites aux Sciences & aux Arts, Vous daignez encore diriger mes travaux vers un objet utile. Puisse cet Ouvrage, MONSEIGNEUR, répondre à des vues si sages & si éclairées ! Elles président à toutes les parties de Votre administration , & Vous assurent une gloire dont Vous êtes plus jaloux que de l'éclat des dignités & de la naissance.

Je suis avec un profond respect ,

MONSEIGNEUR,

Votre très-humble & très-obéissant Serviteur,
BÉZOUT.

PRÉFACE.

LE Cours de Mathématiques dont nous donnons aujourd'hui la premiere Partie, doit raf-
fembler les connoiffances élémentaires que
M. le Duc de Choifeul a jugé néceffaire
d'exiger des Gardes du Pavillon & de la Marine,
avant de les admettre au rang d'Officiers de
Vaiffeaux.

Quelque utile qu'il foit d'inftruire de bonne
heure ces jeunes Gentilshommes, dans la pratique d'un art auffi étendu que celui de la Navigation, on ne peut douter que la connoif-
fance préliminaire des principes fur lefquels
portent les regles de l'art, ne doivent contribuer
beaucoup à faire fructifier les leçons qu'ils
recevront enfuite de l'expérience, ne les dif-
pofe à y être plus attentifs, & par conféquent
n'accélere beaucoup leurs progrès.

D'ailleurs, il eft fi rare qu'un efprit accou-
tumé à obéir fervilement aux feules regles de la
pratique, fe replie enfuite affez fur lui-même,
pour revenir avec fuccès à l'étude de la théorie, qu'on ne peut trop tôt les difpofer à
profiter des avantages qu'ils peuvent retirer de
celle-ci.

Prefque toutes les méthodes de la Navigation pratique font fondées fur des connoiffances mathématiques : comment pourroit-on différer d'inftruire des principes de ces fciences , ceux qui font deftinés à en diriger un jour l'application.

Pour me conformer , autant qu'il eft en moi, aux vues du Miniftre qui a bien voulu me confier l'examen des études des Gardes du Pavillon & de la Marine , ainfi que la compofition d'un Cours de Mathématiques à leur ufage , j'ai cru devoir m'attacher à concilier ces deux points , la néceffité d'inftruire ces Eleves fur les connoiffances mathématiques relatives à leur objet , & celle de les en inftruire dans un intervalle de tems qui ne leur fit rien perdre de l'avantage qu'il doit y avoir à aller de bonne heure à la Mer.

Pour fatisfaire à ces deux objets, je me fuis propofé 1°. de borner le Cours d'Etudes d'obligation , aux propofitions directement utiles à la Navigation , & à celles qui feroient indifpenfables pour l'intelligence de celles - là. 2°. De faciliter cette étude , en la rendant plus intéreffante par de fréquentes applications à la pratique, prifes principalement dans la Marine; ce qui réunit encore l'avantage de difpofer l'efprit des Commençants à faifir de bonne heure le lien qui unit la théorie à la pratique.

Mais dans la vue de concourir , autant qu'il m'eft poffible , au progrès d'un art auffi important, j'ai cru devoir ne pas perdre de vue ceux de ces jeunes Gentilshommes qui joignant à une noble émulation, des difpofitions plus marquées que les autres, auroient le defir de s'inftruire plus parfaitement. C'eft dans cette vue que j'aurai foin de répandre dans ce Cours des connoiffances plus étendues, & fpécialement celles qui peuvent faciliter l'intelligence des ouvrages de feu M. Bouguer, & de quelques autres ouvrages non moins utiles à la Marine, dont on n'a pas encore retiré, à beaucoup près, tout le fruit qu'on peut en efpérer, parce que les études des Gardes n'y étoient pas dirigées auffi pleinement qu'on fe propofe de le faire.

Ces connoiffances qu'il eft louable d'acquérir, & auxquelles on ne peut trop inviter les Gardes du Pavillon & de la Marine de s'appliquer ; ces connoiffances, dis-je, ne feront point d'obligation, & nous aurons foin de les diftinguer de celles-ci, par un caractere dont nous avertirons.

Le Cours de Mathématiques dont il s'agit ici, fera divifé en quatre Parties.

La premiere traite de l'Arithmétique.

La feconde traitera de la Géométrie, dans laquelle on comprendra la Trigonométrie rectiligne & la Trigonométrie fphérique.

La troifieme aura pour objet, l'Algebre & l'application de l'Algebre à la Géométrie.

La quatrieme comprendra la Statique & le Mouvement, avec quelques propofitions d'Hydroftatique & d'Hydraulique.

Nous avons préféré de faire fuccéder l'Algebre à la Géométrie plutôt qu'à l'Arithmétique ; parce qu'outre que l'Algebre nous eût
été d'une utilité très-médiocre dans la Géométrie élémentaire , les Commençans ne font
d'ailleurs pas encore affez exercés dans les raifonnemens mathématiques , pour fentir la force
des démonftrations algébriques, quoique celles-ci foient fouvent plus fimples , que les
démonftrations fynthétiques ; au lieu que dans
la difpofition que nous avons choifie , on a lieu
de croire que les Commençans déjà fortifiés
par l'étude des deux premieres Parties , en auront d'autant plus de facilité à généralifer leurs
idées , & faifiront mieux les ufages nombreux
qu'on peut faire de cette fcience ; d'ailleurs
ayant déjà plus de connoiffances acquifes , ils
feront plus à portée de fe familiarifer avec
cette fcience, par un plus grand nombre d'objets auxquels ils pourront l'appliquer.

Nous n'entrerons ici dans aucun détail fur
l'exécution des trois dernieres parties du Cours;
nous nous bornerons à rendre compte dé celle-
ci. Elle renferme fous un volume affez peu
confidérable , ce qu'il eft néceffaire de favoir ,
non-feulement pour appliquer les connoiffances mathématiques que nous enfeignerons par
la fuite ; mais encore pour fatisfaire à divers
autres ufages. En expofant les méthodes , nous
avons évité de les multiplier pour un même
objet , parce qu'on ne peut veiller trop foi-

gneufement à ne pas partager l'attention dans les commencemens ; c'eft un abus que de dire, en faveur de l'opinion contraire, qu'il eft utile d'envifager un objet fous différens afpects : cela n'eft vrai que lorfqu'on a acquis un certain nombre de connoiffances. C'eft par ce même principe, que nous avons cru devoir refferrer les raifonnemens & les difcours, dans beaucoup d'endroits : les Commençans, peu ou point du tout faits à raifonner méthodiquement, perdent, en parcourant un long échafaudage de Logique, la force de tête qui leur eft néceffaire pour faifir l'efprit d'une démonftration.

On a donc fait enforte de ne donner aux raifonnemens, que l'étendue néceffaire pour être bien entendus, & d'en élaguer ces attentions fcrupuleufes qui vont jufqu'à démontrer des axiomes, & qui à force de fuppofer le Lecteur inepte, conduifent enfin à le rendre tel.

J'ai tâché d'applanir la route, foit en fimplifiant des raifonnemens déjà employés, foit en leur en fubftituant de nouveaux qui m'ont paru plus clairs, foit enfin en employant un langage familier & fimple. C'eft au Public à juger fi j'ai réuffi ; mais on ne doit pas s'attendre que le Lecteur foit difpenfé d'un certain degré d'attention : on ne fera jamais un livre de Mathématiques qui puiffe être lu comme on lit un livre d'Hiftoire.

Je ne fuppofe d'autre connoiffance à mon

Lecteur, que celle des noms des nombres & quelques autres idées auſſi familieres ſur leſquelles j'établis les principes de la numération, tant des nombres entiers que des décimales. Je paſſe de-là aux quatre opérations fondamentales, dont je donne le procédé, & dont j'explique la nature & les principes de maniere à en faciliter l'application aux opérations plus compoſées qui en dépendent. A la ſuite de ces opérations, j'en indique quelques uſages. Les fractions ſont traitées à peu-près de la même maniere.

Les nombres complexes dont le calcul ſuppoſe, à la rigueur, la connoiſſance des fractions, ſuccédent à celles-ci. Quoique je n'aie pas parlé du Toiſé, les regles que j'ai établies, ne le renferment pas moins ; mais la connoiſſance de la nature des unités des facteurs & du produit, appartenant à la Géométrie, j'ai différé, pour cette raiſon, d'en parler, juſqu'à ce tems.

Quoique je ne déſapprouve pas qu'on emprunte d'une ſcience, les notions qui peuvent faciliter celle que l'on traite (quelque ſubordination qu'on ait d'ailleurs coutume de mettre entre ces deux ſciences), néanmoins je penſe qu'on ne doit prendre ce parti, que lorſqu'il ne s'en offre pas de plus ſimples. Comme l'Arithmétique m'a paru fournir des reſſources ſuffiſantes pour l'explication des opérations de la racine quarrée & de la racine cubique, je n'ai pas été puiſer ailleurs que dans les principes mêmes de cette ſcience.

Ce que j'expofe des Rapports, Proportions & Progreffions, quoique court, me paroît renfermer ce qui nous fera néceffaire pour les trois Parties qui doivent fuivre. Cependant, comme nous pouvons, fans nous écarter de la loi que nous nous fommes impofée, revenir fur quelques propriétés des progreffions, que quelques Lecteurs pourroient défirer, nous avertiffons que nous les avons réfervées pour application de l'Algebre.

Les logarithmes font d'un trop grand ufage dans la pratique de la Navigation, pour que nous n'ayons pas dû nous en occuper fpécialement. Auffi après avoir expofé la nature, la formation & ceux des ufages de ces nombres, que nous pouvions expofer fans anticiper fur aucune autre fcience, nous avons donné les moyens d'étendre, dans le befoin, les fecours qu'on peut tirer des tables ordinaires.

Quoiqu'on puiffe faire un grand nombre d'applications de l'Arithmétique à la Navigation, ce n'eft cependant pas dans l'Arithmétique même qu'elles peuvent trouver leur place, parce qu'elles fuppofent prefque toutes, au moins la Géométrie. Néanmoins dans le nombre des applications que nous avons données, nous avons pris quelques exemples dans le métier même. A mefure que nous avancerons, elles deviendront & plus nombreufes & plus importantes : on en trouvera d'ailleurs un très-grand nombre dans le *Traité de Navigation* qui forme la fuite de ce Cours.

AVERTISSEMENT.

LES *nombres que l'on trouve entre deux parentheſes, dans pluſieurs endroits de ce Livre, ſont deſtinés à indiquer à quel numéro on doit aller chercher la démonſtration de la propoſition ſur laquelle on s'appuie dans ces endroits. A l'égard des numéros, ils ſont au commencement des à lineâ.*

Ce que l'on trouvera en petit caraĉteres, renferme les objets qui ne ſont pas d'obligation dans le Cours d'Études des Gardes du Pavillon & de la Marine.

TABLE
DES MATIERES.

ELÉMENS

ÉLÉMENS

D'ARITHMÉTIQUE.

*Notions préliminaires fur la nature &
les différentes efpeces de Nombres.*

1. O<small>N</small> appelle, en général, *quantité,*
tout ce qui eft fufceptible d'augmentation
ou de diminution. L'étendue, la durée,
le poids, &c. font des quantités. Tout
ce qui eft quantité eft de l'objet des
Mathématiques ; mais l'Arithmétique qui
fait partie de ces Sciences, ne confidere
les quantités, qu'en tant qu'elles font
exprimées en nombres.

2. L'Arithmétique eft donc la fcience
des nombres : elle en confidere la nature
& les propriétés ; & fon but eft de donner

Arithmétique. A

des moyens faciles , tant pour repréfenter les nombres , que pour les compofer & décompofer , ce qu'on appelle *calculer*.

3. Pour fe former une idée exacte des nombres , il faut d'abord favoir ce que l'on entend par *unité*.

4. L'unité eſt une quantité que l'on prend (le plus fouvent arbitrairement) pour fervir de terme de comparaifon à toutes les quantités d'une même efpece : ainſi , lorſqu'on dit un tel corps peſe *cinq livres* , la livre eſt l'unité ; c'eſt la quantité à laquelle on compare le poids de ce corps ; on auroit pu également prendre l'once pour unité , & alors le poids de ce corps eût été marqué par quatre-vingt.

5. Le nombre exprime de combien d'unités , ou de parties d'unité , une quantité eſt compofée.

Si la quantité eſt compofée d'unités entieres , le nombre qui l'exprime s'appelle *nombre entier :* & fi elle eſt compofée d'unités entieres , & de parties de l'unité , ou fimplement de parties de l'unité , alors le nombre eſt dit *fractionnaire* ou *fraction ;* *trois & demi* font un nombre fractionnaire : *trois quarts* font une fraction.

6. Un nombre qu'on énonce fans dé-

figner l'efpece des unités, comme quand on dit fimplement *trois* ou *trois fois*, *quatre* ou *quatre fois*, s'appelle un *nombre abftrait*; & lorfqu'on énonce en même tems l'ef-pece des unités, comme quand on dit *quatre livres*, *cent tonneaux*, on l'appelle *nombre concret*.

Nous définirons les autres efpeces de nombres à mefure qu'il en fera queftion.

De la Numération & des Décimales.

7. La numération eft l'art d'exprimer tous les nombres, par une quantité limitée de noms & de caracteres. Ces caracteres s'appellent *chiffres*.

Nous nous difpenferons de donner ici les noms des nombres; c'eft une connoif-fance familiere à tout le monde.

Quant à la maniere de repréfenter les nombres par des chiffres, plufieurs raifons nous engagent à en expofer les principes.

8. Les caracteres dont on fait ufage dans la numération actuelle, & les noms des nombres qu'ils repréfentent, font tels qu'on les voit ici.

o	1	2	3	4	5	6	7	8	9
zéro	un	deux	trois	quatre	cinq	fix	fept	huit	neuf

Pour exprimer tous les autres nombres, avec ces caracteres, on eſt convenu que de dix unités on en feroit une feule , à laquelle on donneroit le nom de *dixaine* , & que l'on compteroit par dixaines, comme on compte par unités , c'eſt-à-dire , que l'on compteroit deux dixaines , trois dixaines , &c. juſqu'à neuf : que pour repréſenter ces nouvelles unités , on emploieroit les mêmes chiffres que pour les unités ſimples , mais qu'on les en diſtingueroit par la place qu'on leur feroit occuper , en les mettant à la gauche des unités ſimples.

Ainſi , pour repréſenter *cinquante-quatre*, qui renferment cinq dixaines & quatre unités , on eſt convenu d'écrire ʒ4. Pour repréſenter *ſoixante* , qui contiennent un nombre exact de dixaines & point d'unités , on écrit 60 , en mettant un zéro , qui marque qu'il n'y a point d'unités ſimples, & détermine le chiffre 6 , à marquer un nombre de dixaines. On peut , par ce moyen , compter juſqu'à *quatre - vingt-dix - neuf* incluſivement.

9. Remarquons , en paſſant, cette propriété de la numération actuelle ; ſavoir, qu'un chiffre placé à la gauche d'un autre, ou ſuivi d'un zéro , repréſente un nombre

dix fois plus grand que s'il étoit feul.

10. Depuis 99, on peut compter jufqu'à *neuf cens quatre-vingt-dix-neuf*, par une convention femblable. De dix dixaines, on compofera une feule unité qu'on nommera *centaine*, parce que dix fois dix font cent ; on comptera ces centaines depuis un jufqu'à neuf, & on les repréfentera par les mêmes chiffres, mais en plaçant ces chiffres à la gauche des dixaines.

Ainfi pour marquer *huit cens cinquante-neuf* qui contiennent huit centaines, cinq dixaines, & neuf unités, on écrira 859. Si l'on avoit *huit cens neuf* qui contiennent huit centaines, point de dixaines, & neuf unités, on écriroit 809 ; c'eft-à-dire, que l'on mettroit un zéro pour tenir la place des dixaines qui manquent. Si les unités manquoient auffi, on mettroit deux zéros ; ainfi pour marquer *huit cens*, on écriroit 800.

11. Remarquons encore, qu'en vertu de cette convention, un chiffre fuivi de deux autres ou de deux zéros, marque un nombre cent fois plus grand que s'il étoit feul.

12. Depuis *neuf cens quatre-vingt-dix-neuf*, on peut compter par le même artifice, jufqu'à *neuf mille neuf cens quatre-*

vingt - dix - neuf, en formant de dix centaï-
nes, une unité qu'on appelle *mille*, parce
que dix fois cent font mille, comptant
ces unités comme ci-devant, & les repré-
sentant par les mêmes chiffres placés à la
gauche des centaines.

Ainsi, pour marquer *sept mille huit cens
cinquante-neuf*, on écrira 7859 ; pour marquer *sept mille neuf*, on écrira 7009 ; &
pour *sept mille*, on écrira 7000 ; où l'on
voit qu'un chiffre suivi de trois autres, ou
de trois zéros, marque un nombre mille
fois plus grand que s'il étoit seul.

I 3. En continuant ainsi de renfermer
dix unités d'un certain ordre, dans une
seule unité, & de placer ces nouvelles
unités dans des rangs de plus en plus avan-
cés vers la gauche, on parvient à exprimer d'une maniere uniforme & avec dix
caracteres seulement, tous les nombres
entiers imaginables.

I 4. Pour énoncer facilement un nombre exprimé par tant de chiffres qu'on
voudra, on le partagera, par la pensée,
en tranches de trois chiffres chacune, en
allant de droite à gauche : on donnera à
chaque tranche les noms suivans, en partant de la droite, *unités*, *mille*, *millions*,

billions, trillions, quatrillions, quintillions, fextillions, &c. Le premier chiffre de chaque tranche, (en partant toujours de la droite) aura le nom de la tranche, le fecond celui de dixaines, & le troifieme celui de centaines.

Ainfi, en partant de la gauche, on énoncera chaque tranche, comme fi elle étoit feule, & l'on prononcera à la fin de chacune le nom de cette même tranche : par exemple, pour énoncer le nombre fuivant :

quatrillions,	trillions,	billions,	millions,	mille,	unités
23,	456,	789,	234,	565,	456.

On dira vingt-trois *quatrillions*, quatre cens cinquante-fix *trillions*, fept cens quatre-vingt-neuf *billions*, deux cens trente-quatre *millions*, cinq cens foixante & cinq *mille*, quatre cens cinquante-fix *unités*.

1 5. De la numération que nous venons d'expofer, & qui eft purement de convention, il réfulte qu'à mefure qu'on avance de droite à gauche, les unités dont chaque nombre eft compofé, font de dix en dix fois plus grandes, & que par conféquent pour rendre un nombre, dix fois, cent fois, mille fois plus grand, il fuffit de mettre à la fuite du chiffre de fes unités, un, deux,

trois , &c. zéros : au contraire , à mesure qu'on rétrograde de gauche à droite , les unités sont de dix en dix fois plus petites.

16. Telle est la numération actuelle : elle est la base de toutes les autres manieres de compter , quoique dans plusieurs arts on ne s'assujettisse pas touiours à compter uniquement par dixaines , par dixaines de dixaines, &c.

17. Pour évaluer les quantités plus petites que l'unité qu'on a choisie , on partage celle-ci en d'autres unités plus petites. Le nombre en est indifférent en lui-même , pourvu qu'on puisse mesurer les quantités qu'on a dessin de mesurer ; mais ce qu'on doit avoir principalement en vue dans ces sortes de divisions , c'est de rendre les calculs le plus commodes qu'il fera possible ; c'est pour cette raison, qu'au lieu de partager d'abord l'unité en un grand nombre de parties , afin de pouvoir évaluer les plus petites , on ne la partage d'abord qu'en un certain nombre de parties , & qu'on subdivise celles - ci en d'autres , & ces nouvelles, encore en d'autres plus petites. C'est ainsi que dans les monnoies on partage la livre en 20 parties qu'on appelle *sols* , le sol en 12

parties qu'on appelle *deniers*. De même dans les mesures de poids, on partage la livre en 2 *marcs*, le marc en 8 *onces*, l'once en 8 *gros*, &c. enforte que dans le premier cas on compte par vingtaines & par douzaines, dans le fecond, par deuxaines & par huitaines, &c.

18. Un nombre qui eft compofé de parties rapportées, ainfi, à différentes unités, eft ce qu'on appelle un nombre *complexe*, & par oppofition, celui qui ne renferme qu'une feule efpece d'unités, s'appelle *nombre incomplexe*. 8ᵉ ou 8 livres font un nombre incomplexe. 8ᵉ 17ˡ 8ᵈ ou 8 livres 17 fols 8 deniers, font un nombre complexe.

19. Chaque art fubdivife à fa maniere l'unité principale qu'il s'eft choifie. Les fubdivifions de la toife font différentes de celles de la livre ; celles de la livre, différentes de celles du jour, de l'heure ; celles-ci différentes de celles du marc, & ainfi de fuite : nous les ferons connoître, lorfque nous traiterons des nombres complexes.

20. Mais de toutes les divifions & fub-divifions qu'on peut faire de l'unité, celle qui fe fait par décimales, c'eft-à-dire, en

partageant l'unité en parties de dix en dix
fois plus petites , eft inconteftablement la
plus commode dans les calculs. Elle eft
fort en ufage dans la pratique des Mathématiques ; la formation & le calcul des
décimales font abfolument les mêmes que
pour les nombres ordinaires ou entiers :
nous allons les faire connoître.

21. Pour évaluer en décimales les
parties plus petites que l'unité , on conçoit que cette unité , telle qu'elle foit ,
livres, toifes , &c. eft compofée de 10
parties , comme on imagine la dixaine
compofée de dix unités fimples , ou comme on imagine la livre compofée de 20
fols. Ces nouvelles unités , par oppofition
aux dixaines , font nommées *dixiemes* ;
on les repréfente par les mêmes chiffres
que les unités fimples ; & comme elles
font dix fois plus petites que celles - ci ,
on les place à la droite du chiffre qui repréfente les unités fimples.

Mais pour prévenir l'équivoque , & ne
point donner lieu de prendre ces dixiemes
pour des unités fimples, on eft convenu
en même tems de fixer , une fois pour
toutes, la place des unités, par une marque
particuliere ; celle qui eft le plus en ufage ,

eſt une virgule que l'on met à la droite du chiffre qui repréſente les unités, ou, ce qui eſt la même choſe, entre les unités & les *dixiemes*; ainſi pour marquer *vingt-quatre unités & trois dixiemes*, on écrira 24, 3.

22. On peut, de même, regarder actuellement les *dixiemes*, comme des unités qui ont été formées de dix autres, chacune dix fois plus petite que les *dixiemes*, & par la même raiſon d'analogie, les placer à la droite des *dixiemes*. Ces nouvelles unités dix fois plus petites que les *dixiemes*, feront cent fois plus petites que les unités principales, & pour cette raiſon feront nommées *centiemes*. Ainſi pour marquer *vingt-quatre unités, trois dixiemes & cinq centiemes*, on écrira 24, 35.

23. Concevons pareillement les *centiemes*, comme formés de dix parties; ces parties feront mille fois plus petites que l'unité principale, & pour cette raiſon feront nommées *milliemes*; & comme dix fois plus petites que les *centiemes*, on les placera à la droite de celles-ci.

En continuant de ſubdiviſer ainſi de dix en dix, on formera de nouvelles unités qu'on nommera ſucceſſivement des *dix-milliemes, cent-milliemes, millioniemes, dix-*

millioniemes, cent-millioniemes, billioniemes,
&c. & qu'on placera dans des rangs de plus
en plus reculés fur la droite de la virgule.

24. Les parties de l'unité, que nous
venons de décrire, font ce que l'on appelle
les *décimales*.

2 5. Quant à la maniere de les énoncer,
elle eft la même que pour les autres
nombres. Après avoir énoncé les chiffres
qui font à la gauche de la virgule, on
énonce les décimales de la même maniere ;
mais on ajoute, à la fin, le nom des unités
décimales de la derniere efpece ; ainfi pour
énoncer ce nombre 34 , 572 , on diroit
trente-quatre unités & cinq cens foixante
& douze *milliemes* ; fi c'étoient des toifes,
par exemple, on diroit trente-quatre toifes
& cinq cens foixante & douze *milliemes*
de toife.

La raifon en eft facile à appercevoir,
fi l'on fait attention que dans le nombre
34 , 572 le chiffre 5 peut indifféremment
être rendu ou par cinq *dixiemes*, ou par
cinq cens *milliemes*, puifque le *dixieme*
(22) valant 10 *centiemes*, & le *centieme*
(23) valant 10 *milliemes*, le *dixieme* contiendra dix fois dix *milliemes*, ou 100 *milliemes* ; ainfi, les cinq dixiemes valent

500 *milliemes*. Par une raifon femblable , le chiffre 7 pourra s'énoncer en difant foixante & dix *milliemes* , puifque (23) chaque *centieme* vaut 10 *milliemes*.

26. A l'égard de l'efpece des unités du dernier chiffre , on la trouvera toujours facilement en comptant fucceffivement de gauche à droite fur chaque chiffre depuis la virgule , le noms fuivans . . . . . . *dixiemes* , *centiemes* , *milliemes* , *dix-milliemes* , &c.

27. Si l'on n'avoit point d'unités entieres , mais feulement des parties de l'unité , on mettroit un zéro pour tenir la place des unités ; ainfi pour marquer 125 *milliemes* , on écriroit 0 , 125. Si l'on vouloit marquer 25 *milliemes* , on écriroit 0 , 025 en mettant un zéro entre la virgule & les autres chiffres , tant pour marquer qu'il n'y a point de *dixiemes* , que pour donner aux parties fuivantes leur véritable valeur. Par la même raifon , pour marquer 6 *dix - milliemes* , on écriroit 0 , 0006.

28. Examinons , maintenant , les changemens qu'on peut faire naître dans un nombre , par le déplacement de la virgule.

Puifque la virgule détermine la place des unités , & que tous les autres chiffres

ont des valeurs dépendantes de leurs diftances à cette même virgule ; fi l'on avance
la virgule d'une, deux, trois, &c. places
fur la gauche, on rend le nombre, 10,
100, 1000, &c. fois plus petit ; & au
contraire on le rend 10, 100, 1000, &c.
fois plus grand, fi l'on recule la virgule
d'une, deux, trois, &c. places fur la
droite.

En effet, fi l'on a 4327, 5264 ; & qu'en
avançant la virgule d'une place fur la
gauche, on écrive 432, 75264, il eft vifible que les mille du premier nombre
font des centaines dans le nouveau ; les
centaines, font des dixaines ; les dixaines,
des unités ; les unités, des dixiemes ; les
dixiemes, des centiemes, & ainfi de fuite.
Donc chaque partie du premier nombre
eft devenue dix fois plus petite par ce déplacement. Si au contraire, en reculant
la virgule d'une place fur la droite, on eût
écrit 43275, 264, les mille du premier
nombre fe trouveroient changés en dixaines de mille, les centaines en mille, les
dixaines en centaines, les unités en dixaines, les dixiemes en unités, & ainfi de
fuite. Donc le nouveau nombre eft 10 fois
plus grand que le premier.

29. Un raifonnement femblable fait voir qu'en avançant la virgule fur la gauche, de deux ou de trois places on rendroit le nombre, 100 ou 1000 fois plus petit, & au contraire, 100 ou 1000 fois plus grand, en reculant la virgule de deux ou de trois places fur la droite.

30. La derniere obfervation que nous ferons fur les décimales, eft qu'on n'en change point la valeur en mettant à la fuite du dernier chiffre décimal, tel nombre de zéros qu'on voudra. Ainfi 43, 25 eft la même chofe que 43, 250, ou que 43, 2500 ou que 43, 25000, &c.

Car chaque *centieme* valant 10 *milliemes* ou 100 *dix-milliemes*, &c. les 25 *centiemes* vaudront 250 *milliemes* ou 2500 *dix-milliemes*, &c. en un mot, c'eft la même chofe que lorfqu'au lieu de dire 25 piftoles, on dit 250 livres, ou que lorfqu'au lieu de dire 25 quintaux, on dit 2500 livres.

Des opérations de l'Arithmétique.

31. Ajouter, fouftraire, multiplier, & divifer, font les quatre opérations fondamentales de l'Arithmétique. Toutes les queftions qu'on peut propofer fur les

nombres fe réduifent à pratiquer quelques-
unes de ces opérations, ou toutes ces
opératious. Il eft donc important de fe
les rendre familieres, & d'en bien faifir
l'efprit.

32. Le but de l'Arithmétique eft,
comme nous l'avons déja dir, de donner
des moyens de calculer facilement les
nombres. Ces moyens confiftent à réduire
le calcul des nombres les plus compofés,
à celui de nombres plus fimples, ou exprimés par le plus petit nombre de chiffres
poffible. C'eft ce qu'il s'agit d'expofer
actuellement.

De l'Addition des Nombres entiers & des Parties décimales.

33. Exprimer la valeur totale de plufieurs nombres, par un feul, eft ce qu'on
appelle *faire une addition*.

Quand les nombres qu'on fe propofe
d'ajouter n'ont qu'un feul chiffre, on n'a
pas befoin de regle; mais lorfqu'ils ont
plufieurs chiffres, on trouve leur valeur
totale qu'on appelle *fomme*, en obfervant
la regle fuivante.

Ecrivez les uns fous les autres, tous
les

les nombres proposés ; de maniere que les chiffres des unités de chacun, foient dans une même colonne verticale ; qu'il en foit de même des dixaines, de même des centaines, &c, foulignez le tout.

Ajoutez d'abord tous les nombres qui font dans la colonne des unités ; fi la fomme ne paffe pas 9, écrivez-la au-deffous ; fi elle furpaffe neuf, elle renfermera des dixaines ; n'écrivez au-deffous, que l'excédent du nombre des dixaines : comptez ces dixaines pour autant d'unités, & ajoutez - les avec les nombres de la colonne fuivante ; obfervez à l'égard de la fomme des nombres de cette feconde colonne, la même regle qu'à l'égard de la premiere, & continuez ainfi de colonne en colonne, jufqu'à la derniere, au-deffous de laquelle vous écrirez la fomme telle que vous la trouverez. Eclairciffons cette regle par des exemples.

EXEMPLE I.

Qu'il foit queftion d'ajouter 54925 avec 2023 : j'écris ces deux nombres comme on le voit ici. 54925
$$2023$$

$$\overline{56948}\text{ fomme.}$$

Arithmétique.   B

Et après avoir souligné le tout, je commence par les unités, en difant 5 & 3 font 8 que j'écris fous cette même colonne.

Je paffe à celle des dixaines, dans laquelle je dis 2 & 2 font 4, que j'écris au-deffous.

A la colonne des centaines, je dis 9 & 0 font 9, que j'écris fous cette même colonne.

Dans la colonne des mille, je dis 4 & 2 font 6, que j'écris fous cette colonne.

Enfin dans la colonne des dixaines de mille, je dis 5 & rien font 5, que j'écris de même au-deffous.

Le nombre 56948, trouvé par cette opération, eft la fomme des deux nombres propofés, puifqu'il en renferme les unités, les dixaines, les centaines, les mille, & les dixaines de mille, que nous avons raffemblées fucceffivement.

E x e m p l e   I I.

On demande la fomme des quatre nombres fuivans... 6903, 7854, 953, 7327; je les écris comme on les voit ici.

$$
\begin{array}{r}
6903 \\
7854 \\
953 \\
7327 \\
\hline
23037 \ \text{fomme,}
\end{array}
$$

Et en commençant, comme ci - deſſus, par la droite, je dis 3 & 4 font 7, & 3 font 10, & 7 font 17; j'écris les 7 unités ſous la premiere colonne, & je retiens la di-xaine pour la joindre, comme unité, aux nombres de la colonne ſuivante, qui ſont auſſi des dixaines.

Paſſant à cette ſeconde colonne, je dis, 1 que je retiens & 0 font 1, & 5 font 6, & 5 font 11, & 2 font 13 ; j'écris 3 ſous la colonne actuelle, & je retiens, pour la dixaine, une unité que j'ajoute à la colonne ſuivante, en diſant une & 9 font 10, & 8 font 18, & 9 font 27, & 3 font 30, je poſe 0 ſous cette colonne, & je retiens, pour les trois dixaines, trois unités que j'ajoute à la colonne ſuivante, en diſant pareillement, 3 & 6 font 9, & 7 valent 16, & 7 font 23 ; j'écris 3 ſous cette colonne, & comme il n'y a plus d'autre colonne, j'avance, d'une place, les deux dixaines qui appartiendroient à la colonne ſuivante, s'il y en avoit une. Le nombre 23037 eſt la ſomme des quatre nombres propoſés.

34. S'il y a des parties décimales ; comme elles ſe comptent, ainſi que les autres nombres, par dixaines, à meſure

qu'on avance de droite à gauche ; la regle pour les ajouter eſt abſolument la même, en obſervant de mettre toujours les unités de même ordre dans une même colonne.

Ainſi, ſi on propoſe d'ajouter les trois nombres 72, 957.. 12, 8... 124, 03, j'écrirai. . . . . . 72 , 957
$$12 , 8$$
$$124 , 03$$
———————
209 , 787 ſomme.

En ſuivant la regle ci - deſſus, j'aurai 209, 787 pour la ſomme.

De la Souſtraction des Nombres entiers & des Parties décimales.

35. La ſouſtraction eſt l'opération par laquelle on retranche un nombre, d'un autre nombre. Le réſultat de cette opération s'appelle *reſte* ou *excès* ou *différence*.

Pour faire cette opération, on écrira le nombre qu'on veut retrancher, au-deſſous de l'autre, de la même maniere que dans l'addition ; & ayant ſouligné le tout, on retranchera, en allant de droite à gauche, chaque nombre inférieur, de ſon correſpondant ſupérieur ; c'eſt - à - dire ;

les unités des unités , les dixaines des dixaines, &c. on écrira chaque reste, au-deſſous , dans le même ordre , & zéro lorſqu'il ne reſtera rien.

Lorſque le chiffre inférieur ſe trouvera plus grand que le chiffre ſupérieur correſ-pondant , on ajoutera à celui-ci dix unités qu'on aura en empruntant , par la penſée , une unité ſur ſon voiſin à gauche , lequel doit, par cette raiſon , être regardé comme moindre d'une unité , dans l'opération ſui-vante.

EXEMPLE I.

On propoſe de retrancher 5432 de 8954. J'écris ces deux nombres comme il ſuit.

$$8954$$
$$5432$$
$$\overline{3522} \text{ reſte.}$$

Et en commençant par le chiffre des unités, je dis 2 ôté de 4 , il reſte 2 que j'écris au - deſſous : puis , paſſant aux dixaines, je dis 3 ôté de 5 , il reſte 2 que j'écris ſous les dixaines. A la troiſieme colonne , je dis 4 ôté de 9 , il reſte 5 que j'écris ſous cette colonne. Enfin à la

B 3

quatrieme , je dis 5 ôté de 8 , il reſte 3 que j'écris ſous 5 , & j'ai 3522 pour le reſte de 5432 retranché de 8954.

EXEMPLE II.

On veut ôter 7987 de 27646.

On écrira. 27646
        7987
        _____
        19659 reſte.

Comme on ne peut ôter 7 de 6 , on ajoutera à 6 , dix unités qu'on empruntera en prenant une unité ſur ſon voiſin 4 , & on dira 7 ôté de 16 , il reſte 9 qu'on écrira ſous 7.

Paſſant aux dixaines , on ne dira plus 8 ôté de 4 , mais 8 ôté de 3 ſeulement , parce que l'emprunt qu'on a fait , a diminué 4 d'une unité : comme on ne peut ôter 8 de 3 , on ajoutera de même à 3 , dix unités qu'on empruntera , en prenant une unité ſur le chiffre 6 de la gauche ; & on dira 8 ôté de 13 , il reſte 5 qu'on écrira ſous 8. Paſſant à la troiſieme colonne , on dira de même , 9 ôté de 5 , ou plutôt 9 ôté de 15 , (en empruntant comme ci-deſſus) ; il reſte 6 qu'on écrira ſous 9.

A la quatrieme colonne , on dira , par

la même raifon, 7 ôté de 6, ou plutôt de 16, il refte 9 qu'on écrira fous 7; & comme il n'y a rien à retrancher dans la cinquieme colonne, on écrira fous cette colonne, non pas 2, parce qu'on vient d'emprunter une unité fur ce 2, mais feulement 1, & on aura 19659 pour le refte.

36. Si le chiffre fur lequel on doit faire l'emprunt, étoit un zéro, l'emprunt fe feroit, non pas fur ce zéro, mais fur le premier chiffre fignificatif qui viendroit après; or quoique ce foit, alors, emprunter 100 ou 1000 ou 10000, felon qu'il y a un, deux ou trois zéros confécutifs, on n'en opérera pas moins comme ci-deffus; c'eft-à-dire, qu'on ajoutera feulement 10 au chiffre pour lequel on emprunte, & comme ces dix font cenfés pris fur les 100 ou 1000, &c. qu'on a empruntés, pour employer les 90 ou les 990, &c. qui reftent, on comptera les zéros fuivans pour autant de neuf; c'eft ce que l'exemple ci-après va éclaircir.

E x e m p l e I I I.

$$\begin{array}{r} \overset{9\;9}{}\\ \text{Si de} \ldots \ldots \ldots \ 20064 \\ \text{on veut retrancher} \ldots 17489 \\ \hline 2575 \ \text{reste.} \end{array}$$

On dira d'abord, 9 ôté de 4, ou plutôt
de 14 (en empruntant fur le chiffre fuivant)
il refte 5. Puis pour ôter 8 de 5, comme
cela ne fe peut, & qu'il n'eft pas poffible
non plus d''emprunter fur le chiffre fuivant
qui eft un zéro, on empruntera fur le 2,
une unité, laquelle vaut mille à l'égard du
chiffre fur lequel on opere. De ce mille
on ne prendra que 10 unités qu'on ajoutera
à 5, & on dira 8 ôté de 15, il refte 7.

Comme on n'a employé que 10 unités
fur mille qu'on a empruntées, on emploiera
les 990 reftantes, pour en retrancher les
nombres qui répondent au - deffous des
zéros ; ce qui revient au même que de
compter chaque zéro, comme s'il valoit
9 : ainfi l'on dira 4 ôté de 9, refte 5 ; puis
7 ôté de 9, refte 2, & enfin 1 ôté de 1,
il ne refte rien.

37. S'il y a des parties décimales dans
les nombres fur lefquels on veut opérer,

on suivra absolument la même regle ; mais pour éviter tout embarras dans l'application de cette regle, il n'y aura qu'à rendre le nombre des chiffres décimaux le même dans chacun des deux nombres proposés, en mettant un nombre suffisant de zéros à la suite de celui qui a le moins de dé- cimales ; cette préparation ne change rien à la valeur de ce nombre (30).

EXEMPLE IV.

De 5403, 25
on veut ôter . . . 385, 6532

Je mets deux zéros à la suite des déci- males du nombre supérieur ; après quoi, j'opere sur les deux nombres ainsi préparés, précisément selon l'énoncé de la regle donnée pour les nombres entiers,

$$5403,2500$$
$$385,6532$$
$$\overline{5017,5968}\ \text{reste.}$$

& je trouve pour reste . . . . 5017,5968.

De la preuve de l'Addition & de la Souſtraction.

38. Ce qu'on appelle preuve d'une opé‑ ration arithmétique, eſt une autre opération que l'on fait pour s'aſſurer de l'exactitude du réſultat de la premiere.

La preuve de l'addition ſe fait en ajou‑ tant de nouveau, par parties , mais en commençant par la gauche , les ſommes qu'on a déjà ajoutées. On retranche la totalité de la premiere colonne , de la partie qui lui répond dans la ſomme infé‑ rieure : on écrit au‑deſſous, le reſte, qu'on réduit par la penſée en dixaines, pour le joindre au chiffre ſuivant de cette même ſomme, & du total on retranche encore la totalité de la colonne ſupérieure ; on continue ainſi, juſqu'à la derniere colonne, dont la totalité étant retranchée , ne doit laiſſer aucun reſte.

Ainſi, ayant trouvé ci‑deſſus que les quatre nombres   6903
                                  7854
                                     953
                                  7327

ont pour ſomme 23037

Pour vérifier ce résultat, j'ajoute les mêmes nombres, en commençant par la gauche ; & je dis 6 & 7 font 13, & 7 font 20, lesquels ôtés de 23, il reste 3 ou 3 dixaines, qui, avec le chiffre suivant zéro, font 30. Je passe à la seconde colonne, & je dis 9 & 8 font 17, & 9 font 26, & 3 font 29 que j'ôte de 30 ; il reste 1 ou une dixaine, qui, jointe au chiffre suivant 3, fait 13. J'ajoute tous les nombres de la troisieme colonne, en disant 5 & 5 font 10, & 2 font 12, qui ôtés de 13, il reste 1 ou une dixaine, laquelle, jointe au chiffre suivant 7, fait 17 ; j'ajoute pareillement tous les nombres de la derniere colonne, en disant 3 & 4 font 7, & 3 font 10, & 7 font 17, qui ôtés de 17, il ne reste rien : d'où je conclus que la premiere opération est exacte.

On est fondé à conclure que la premiere opération a été bien faite, lorsqu'après cette preuve il ne reste rien, parce qu'ayant ôté successivement tous les mille, toutes les centaines, toutes les dixaines & toutes les unités dont on avoit composé la somme, il faut qu'à la fin il ne reste rien.

39. La preuve de la fouftraction fe fait en ajoutant le refte trouvé par l'opération, avec le nombre retranché ; fi la premiere opération a été bien faite, on doit re-produire le nombre dont on a retranché : ainfi je vois que dans le troifieme exemple que nous avons donné ci-deffus, l'opération a été bien faite, parce qu'en ajoutant 17489 (nombre retranché), avec le refte 2565, je reproduis 20054, nombre dont on a retranché.

$$
\begin{array}{r}
20054 \\
17489 \\
\hline
2565 \\
\hline
20054
\end{array}
$$

De la Multiplication.

40. Multiplier un nombre par un au-tre, c'eft prendre le premier de ces deux nombres, autant de fois qu'il y a d'unités dans l'autre. Multiplier 4 par 3, c'eft prendre trois fois le nombre 4.

41. Le nombre qu'on doit multiplier, s'appelle le *multiplicande* ; celui par lequel on doit multiplier, s'appelle le *multiplica-teur* ; & le réfultat de l'opération s'appelle *produit*.

42. Le mot *produit* a communément une acception beaucoup plus étendue ; mais nous avertissons expressément que nous ne l'emploierons que pour désigner le résultat de la multiplication.

Le multiplicande & le multiplicateur se nomment aussi les *facteurs* du produit, ainsi 3 & 4 font les facteurs de 12, parce que 3 fois 4 font 12.

43. Suivant l'idée que nous venons de donner de la multiplication, on voit qu'on pourroit faire cette opération en écrivant le multiplicande autant fois qu'il y a d'unités dans le multiplicateur, & faisant ensuite l'addition ; par exemple, pour multiplier 7 par 3, on pourroit écrire.

$$
\begin{array}{r}
7 \\
7 \\
7 \\
\hline
21
\end{array}
$$

Et la somme 21 résultante de cette addition feroit le produit.

Mais lorsque le multiplicateur est tant foit peu considérable, l'opération devient fort longue : ce que nous appellons proprement multiplication, est la méthode de parvenir à ce même résultat, par une voie plus courte.

44. Tant qu'on ne confidere les nombres que d'une maniere abftraite , c'eft-
à-dire , fans faire attention à la nature de
leurs unités , il importe peu , lequel des
deux nombres propofés pour la multiplication ; on prenne pour multiplicande
ou pour multiplicateur ; par exemple , fi
on a 4 à multiplier par 3 , il eft indifférent de multiplier 4 par 3 , ou 3 par 4 , le
produit fera toujours 12 : en effet 3 fois 4
ne font autre chofe que le triple de 1 fois
4 , & 4 fois 3 font le triple de 4 fois 1 ;
or il eft évident que 1 fois 4 & 4 fois 1
font la même chofe ; & on peut appliquer le même raifonnement à tout autre
nombre.

45. Mais lorfque par l'énoncé de la
queftion , le multiplicateur & le multiplicande font des nombres concrets , il importe de diftinguer le multiplicande du
multiplicateur : cette attention eft principalement néceffaire dans la multiplication des
nombres complexes, dont nous parlerons
par la fuite.

Au refte , cela eft toujours aifé à diftinguer : la queftion qui conduit à la multiplication dont il s'agit , fait toujours
connoître quelle eft la quantité qu'il s'agit

de répéter plufieurs fois, c'eft-à-dire, le multiplicande ; & quelle eft celle qui marque combien de fois on doit répéter le multiplicande, c'eft-à-dire, quel eft le multiplicateur.

46. Comme le multiplicateur eft deftiné à marquer combien de fois on doit prendre le multiplicande, il eft toujours un nombre abftrait : ainfi, quand on demande ce que doivent coûter 52 toifes de bois, à raifon de 36 livres la toife ; on voit que le multiplicande eft 36 livres, qu'il s'agit de répéter 52 fois ; foit que ce 52 marque des toifes, ou toute autre chofe.

47. Le produit qui eft formé de l'addition répétée du multiplicande, aura donc des unités de même nature que le multiplicande *.

Après cette petite digreffion fur la nature des unités du produit & de fes facteurs, revenons à la méthode pour trouver ce produit.

___

* Nous n'en exceptons pas même la multiplication géométrique, dont nous ne parlerons qu'en Géométrie, comme cela nous paroît affez naturel. Les unités du multiplicateur n'y font jamais que des unités abftraites, comme dans toute autre multiplication.

48. Les regles de la multiplication des nombres les plus compofés, fe réduifent à multiplier un nombre d'un feul chiffre, par un nombre d'un feul chiffre. Il faut donc s'exercer à trouver foi-même le produit des nombres exprimés par un feul chiffre, en ajoutant fucceffivement un même nombre à lui-même. On peut auffi, fi on le veut, faire ufage de la Table fuivante, qu'on attribue à Pythagore.

I	2	3	4	5	6	7	8	9
2	4	6	8	10	12	14	16	18
3	6	9	12	15	18	21	24	27
4	8	12	16	20	24	28	32	36
5	10	15	20	25	30	35	40	45
6	12	18	24	30	36	42	48	54
7	14	21	28	35	42	49	56	63
8	16	24	32	40	48	56	64	72
9	18	27	36	45	54	63	72	81

La premiere bande de cette table fe forme en ajoutant 1 à lui-même fucceffivement.

La feconde, en ajoutant 2 de même.

La troifieme, en ajoutant 3, & ainfi de fuite.

49.

49. Pour trouver par le moyen de cette table, le produit de deux nombres exprimés par un seul chiffre chacun, on cherchera l'un de ces deux nombres, le multiplicande, par exemple, dans la bande supérieure; & en partant de ce nombre, on descendra verticalement jusqu'à ce qu'on soit vis-à-vis du multiplicateur qu'on trouvera dans la premiere colonne. Le nombre sur lequel on sera arrêté, sera le produit; ainsi, pour trouver, par exemple, le produit de 9 par 6, ou combien font 6 fois 9, je descends depuis 9, pris dans la premiere bande, jusques vis-à-vis de 6 pris dans la premiere colonne; le nombre sur lequel je m'arrête, est 54; par conséquent 6 fois 9 font 54.

En voilà autant qu'il en faut pour passer à la multiplication des nombres exprimés par plusieurs chiffres.

De la Multiplication par un nombre d'un seul chiffre.

50. Ecrivez le multiplicateur, qu'on suppose ici d'un seul chiffre, sous le multiplicande; peu importe sous quel chiffre,

Arithmétique.   C

mais pour fixer les idées, fuppofons que ce foit fous le chiffre des unités.

Multipliez d'abord le nombre des unités par votre multiplicateur ; & fi le produit ne contient que des unités , écrivez ce produit au-deffous ; s'il contient des unités & des dixaines , écrivez feulement les unités , & comptant les dixaines pour autant d'unités , retenez celles-ci.

Multipliez, de même, le nombre des dixaines du multiplicande ; & au produit ajoutez les unités que vous avez retenues ; écrivez le tout au-deffous , s'il peut être marqué par un feul chiffre , finon n'écrivez que les unités de ce produit ; & retenez-en les dixaines, qui font des centaines , pour les ajouter au produit fuivant qui fera pareillement des centaines.

Continuez de multiplier fucceffivement, fuivant la même regle , tous les chiffres du multiplicande ; la fuite des chiffres que vous aurez écrits , marquera le produit.

E X E M P L E.

On demande combien 2864 toifes valent de pieds. La toife eft de 6 pieds.

La queftion fe réduit à prendre fix pieds 2864 fois, ou ce qui revient au même (44) à prendre 2864 pieds, 6 fois.

J'écris donc . . . . 2864 multiplicande.
6 multiplicateur.

17184 . . produit.

Et je dis, en commençant par les unités; 6 fois 4 font 24 ; j'écris 4, & je retiens 2 unités pour les deux dixaines.

2°. 6 fois 6 font 36, & deux que j'ai retenues font 38 ; je pofe 8 & je retiens 3.

3°. 6 fois 8 font 48, & 3 que j'ai retenues font 51 ; je pofe 1 & je retiens 5.

4°. 6 fois 2 font 12, & 5 que j'ai retenues font 17 que j'écris en entier, parce qu'il n'y a plus rien à multiplier. Le nombre 17184 eft le produit demandé, ou le nombre de pieds que valent les 2864 toifes, puifqu'il renferme 6 fois les 4 unités ; 6 fois les 6 dixaines ; 6 fois les 8 centaines, & 6 fois les 2 mille ; & par conféquent 6 fois le nombre 2864.

De la Multiplication par un nombre de plufieurs chiffres.

5 1. Lorfque le multiplicateur a plu-fieurs chiffres, il faut faire fucceffivement, avec chacun de ces chiffres, ce que l'on vient de prefcrire lorfqu'il n'y en a qu'un, mais en commençant toujours par la droite ; ainfi on multipliera d'abord tous les chiffres du multiplicande, par le chiffre des unités du multiplicateur ; puis par celui des dixaines ; & l'on écrira ce fecond produit fous le premier ; mais comme il doit être un nombre de dixaines, puifque c'eft par des dixaines qu'on multiplie, on portera le premier chiffre de ce produit, fous les dixaines, & les autres chiffres, toujours en avançant fur la gauche.

Le troifieme produit, qui fe fera en multipliant par les centaines, fe placera de même fous le fecond, mais en avançant encore d'une place : on fuivra la même loi pour les autres.

Toutes ces multiplications étant faites, on ajoutera les produits particuliers qu'el-les ont donnés, & la fomme fera le produit total.

EXEMPLE.

On propose de multiplier 65487
par 6958
_____

523896
327435.
589383
392922
_____

455658546 prod.

Je multiplie d'abord 65487, par le nombre 8 des unités du multiplicateur, & j'écris fuccessivement fous la barre, les chiffres du produit 523896 que je trouve en fuivant la regle donnée pour le premier cas (50).

Je multiplie de même le nombre 65487, par le fecond chiffre 5 du multiplicateur, & j'écris le produit 327435, fous le premier produit, mais en plaçant le premier chiffre 5 fous les dixaines de ce premier produit.

Multipliant pareillement 65487 par le troifieme chiffre 9, j'écris le produit 589383, fous le précédent, mais en plaçant le premier chiffre 3, au rang des centaines, parce que le nombre par lequel je multiplie eft un nombre de centaines.

C 3

Enfin je multiplie 65487, par le dernier chiffre 6 du multiplicateur, & j'écris le produit 392922, sous le précédent, en avançant encore d'une place, afin que son premier chiffre occupe la place des mille, parce que le chiffre par lequel on multiplie marque des mille : enfin j'ajoute tous ces produits, & j'ai 455658546 pour le produit de 65487 multiplié par 6958, c'est-à-dire, pour la valeur de 65487 pris 6958 fois. En effet, on a pris 65487, 8 fois par la premiere opération, 50 fois par la seconde, 900 fois par la troisieme, & 6000 fois par la quatrieme.

52. Si le multiplicande ou le multiplicateur, ou tous les deux étoient terminés par des zéros, on abrégeroit l'opération, en multipliant comme si ces zéros n'y étoient point ; mais on les mettroit ensuite tous à la suite du produit.

EXEMPLE.

On propose de multiplier 6500
par 350

$$
\begin{array}{r}
325 \\
195 \\
\hline
2275000
\end{array}
$$

Je multiplie feulement 65 par 35, & je trouve 2275, à côté duquel j'écris les trois zéros qui fe trouvent, en tout, à la fuite du multiplicande & du multiplicateur.

En effet, le multiplicande 6500 repré-fente 65 centaines; ainfi quand on multiplie 65, on doit fous - entendre que le produit eft des centaines. Pareillement, le multiplicateur 350, marque 35 dixaines; ainfi quand on multiplie par 35, on doit fous-entendre que le produit fera des dixaines; il fera donc des dixaines de centaines, c'eft-à-dire des mille; il doit donc avoir 3 zéros : on appliquera un raifonnement femblable à tous les autres cas.

53. Lorfqu'il fe trouve des zéros entre les chiffres du multiplicateur, comme la multiplication par ces zéros ne donneroit que des zéros, on fe difpenfera d'écrire ceux-ci dans le produit ; & paffant tout de fuite à la multiplication par le premier chiffre fignificatif qui vient après ces zéros, on en avancera le produit fur la gauche d'autant de place plus une, qu'il y a de zéros qui fe fuivent dans le multiplicateur, c'eft - à - dire, de deux places s'il y a un zéro, de trois s'il y en a deux.

C 4

Si l'on a   42052

à multiplier par . . .   3006

$$\begin{array}{r} 252312 \\ 126156 \\ \hline 126408312 \end{array}$$

Après avoir multiplié par 6 , & écrit le produit 252312 , on multipliera tout de fuite par trois ; mais on écrira le produit 126156 , de maniere qu'il marque des mille , il faudra donc le reculer de trois places , c'eft-à-dire , d'une place de plus qu'il n'y a de zéros interpofés aux chiffres du multiplicateur.

De la Multiplication des Parties Décimales.

54. Pour multiplier les parties décimales , on obfervera la même regle que pour les nombres entiers , fans faire aucune attention à la virgule ; mais après avoir trouvé le produit , on en féparera fur la droite par une virgule , autant de chiffres qu'il ly a de décimales tant dans le multiplicande que dans le multiplicateur.

EXEMPLE I.

On propose de multiplier 54,23
par. 8,3

16269
43384

450, 109

Je multiplierai 5423 par 83 , le produit
fera 450,109 ; & comme il y a deux décimales dans le multiplicande , & une dans
le multiplicateur , je féparerai trois chiffres
fur la droite de ce produit , qui par - là
deviendra 450,109 , tel qu'il doit être.

La raifon de cette regle eft facile à
faifir , en obfervant que fi le multiplicateur étoit 83 , le produit n'auroit en décimales que des *centiemes* , puifqu'on auroit
répété 83 fois le multiplicande 54,23 dont
les décimales font des centiemes ; mais
comme le multiplicateur eft 8,3 , c'eft-à-
dire , (21) dix fois plus petit que 83 , le
produit doit donc avoir des unités dix fois
plus petites que les centiemes ; le dernier
chiffre de fes décimales doit donc (23)
être des *milliemes* , il doit donc y avoir
trois chiffres décimaux dans ce produit ,
c'eft-à-dire , autant qu'il y en a , tant dans

le multiplicande que dans le multiplicateur.

On peut appliquer un raifonnement femblable à tout autre cas.

E X E M P L E   I I.

Si on avoit   0,12
à multiplier par . . .   0,3

                         0,036

On multiplieroit 12 par 3, ce qui don-neroit 36 ; comme la regle prefcrit de féparer ici trois chiffres, on pourroit être embarraffé à y fatisfaire, puifque ce pro-duit 36 n'en a que deux ; mais fi on re-prend le raifonnement que nous avons appliqué à l'exemple précédent, on verra facilement qu'il faut, comme on le voit ici, interpofer un zéro entre 36 & la virgule. En effet, fi l'on avoit 0,12 à mul-tiplier par 3, il eft évident qu'on auroit 0,36 ; mais comme on n'a à multiplier que par 0,3, c'eft-à-dire, par un nombre dix fois plus petit que 3, on doit avoir un produit dix fois plus petit que 0,36, c'eft-à-dire, des milliemes, & c'eft ce qui a lieu (28) lorfqu'on écrit 0,036.

55. Comme on n'emploie ordinairement les décimales que dans la vue de faciliter les calculs, en fubftituant à un

calcul rigoureux , une approximation fuffifante , mais prompte ; il n'eft pas inutile d'expofer ici un moyen d'abréger l'opération lorfqu'on n'a befoin d'avoir le produit que jufqu'à un degré d'exactitude propofé.

Suppofons, par exemple, qu'ayant a multiplier. . . . 45,625957 par 28,635 , je n'aie befoin d'avoir le produit qu'à moins d'un millieme près. J'écris ces deux nombres comme on le voit ci-deffous , c'eft a-dire, qu'après avoir renverfé l'ordre des chiffres de l'un des deux , je l'écris fous l'autre , en faifant répondre le chiffre de fes unités fous la décimale immédiatement inférieure de deux degrés à celui auquel je veux borner mon produit. Je fais enfuite la multiplication, en négligeant, dans le multiplicande , tous les chiffres qui fe trouvent à la droite de celui par lequel je multiplie ; & à mefure que je change de chiffre dans le multiplicateur , je porte toujours le premier chiffre du nouveau produit, fous le premier chiffre du premier. L'addition de tous ces produits étant faite , je fupprime les deux derniers chiffres , en obfervant cependant d'augmenter le dernier de ceux qui reftent, d'une unité, fi les deux que je fupprime paffent 50 ; après quoi je place la virgule au rang fixé par l'efpece de décimales que je me propofois d'avoir.

EXEMPLE.

Je veux multiplier . . 45,625957
par 28,635
mais je n'ai befoin d'avoir le produit qu'à un millieme d'unité près.

J'écris ainfi ces deux nombres. 45,625957
                                              53682
                                       ————————————
                                        91251914
                                        36500760
                                         2737554
                                          136875
                                           22810
                                       ————————————
                                        130649923
produit. 1306,4,9

Et fi l'on avoit fait la multiplication à l'ordinaire, on auroit eu 1306,499278695 qui s'accorde avec le précédent jufqu'à la troifieme décimale, ainfi qu'on le demande.

S'il n'y avoit pas affez de chiffres décimaux dans le multiplicande, pour faire correfpondre le chiffre des unités du multiplicateur, au chiffre auquel la regle prefcrit de le faire correfpondre, on y fuppléroit en mettant des zéros.

EXEMPLE.

On doit multiplier 54,236
par.................... 532,27
& l'on veut avoir le produit à un centieme d'unités près;
j'écris 54,236000
                            72235

                       271180000
                        16270800
                         1084720
                          108472
                           37961

                       288681953
produit .....28868,20, en ajoutant une unité au dernier chiffre, parce que les deux que l'on fupprime, paffent 50.

Pour troifieme exemple, fuppofons qu'on ait à .... multiplier 0,227538917
par 0,5664178
& l'on ne veut avoir que 7 décimales au produit; on écrira ... 0,227538917
                          87146650

                       ....
                       513769455
                        13652334
                         1365228
                           91012
                            2275
                             159
                             176

                       128882069
produit.....0, 1288821.

Sur quelques usages de la Multiplication.

56. Nous ne nous proposons pas de faire connoître tous les usages qu'on peut faire de la multiplication. Nous en indiquerons seulement quelques-uns qui mettront sur la voie pour les autres.

La multiplication sert à trouver, en général, la valeur totale de plusieurs unités, lorsqu'on connoît la valeur de chacune. Par exemple, 1°. combien doivent coûter 5842 toises, à raison de 54ᵗ la toise ? Il faut multiplier 54ᵗ par 5842, ou (44) 5842ᵗ par 54, on aura 315468ᵗ pour le prix total demandé. 2°. Combien 5954 pieds-cubes * d'eau pesent-ils, en supposant que le pied-cube pese 72 liv. ? il faut multiplier 72ᵗᵇ par 5954, ou 5954ᵗᵇ par 72 ; on aura 428688ᵗᵇ pour le poids des 5954 pieds-cubes.

57. On emploie la multiplication pour convertir des unités d'une certaine espece, en unités d'une espece plus petite. Par exemple, pour réduire les livres en sols,

* Le pied-cube est une mesure d'un pied de long sur un pied de large, & sur un pied de haut, avec laquelle on évalue la capacité des corps, ainsi qu'on le verra en Géométrie.

& ceux-ci en deniers ; les toifes en pieds ;
ceux-ci en pouces , ces derniers en lignes ;
les jours en heures , celles-ci en minutes ,
ces dernieres en fecondes ; on a fouvent
befoin de ces fortes de converfions. Nous
en donnerons quelques exemples.

Si on demande de convertir 8^{tt} 17^{f}
7^{d} en deniers, comme la livre vaut 20^{f},
on multipliera les 8^{tt} par 20 (52), ce qui
donnera 160^{f} auxquels joignant les 17^{f},
on aura 177^{f}, qu'on multipliera par 12,
parce que chaque fol vaut 12 deniers ,
& on aura 2124 deniers , lefquels, joints
aux 7 deniers, donnent 2131 deniers pour
la valeur de 8^{tt} 17^{f} 7^{d} , convertis en
deniers.

Si l'on demande combien une année
commune, ou 365 jours , 5 heures , 48
minutes , ou 365^{j} 5^{h} 48^{m} valent de
minutes ; comme le jour eft de 24 heures,
on multipliera 24^{h} par 365 , & au produit 8760^{h} on ajoutera 5^{h}, on multipliera
le total 8765 par 60 (52) parce que
l'heure contient 60 minutes , & on aura
525900 minutes , auxquelles ajoutant 48
minutes, on aura 525948 pour le nombre
de minutes contenues dans une année
commune.

Cette converfion des parties du tems eft utile dans quelques opérations du *Pilotage*.

58. L'abréviation dont nous avons parlé (52), peut être employée pour réduire promptement en livres un certain nombre de *tonneaux* ; comme le tonneau de poids pefe 2000 livres, fi l'on a, par exemple, 854 tonneaux, il n'y a qu'à doubler 854, & mettre les trois zéros à la fuite du produit, on aura 1708000 pour le nombre de livres que pefent 854 tonneaux.

Avant de terminer ce qui regarde la multiplication, faifons obferver aux commençans, que ces expreffions *doubler*, *tripler*, *quadrupler*, &c. fignifient la même chofe que multiplier par 2, par 3, par 4, &c.

De la Divifion des Nombres entiers, & des Parties Décimales.

59. Divifer un nombre par un autre, c'eft, en général, chercher combien de fois le premier de ces deux nombres contient le fecond.

Le nombre qu'on doit divifer, s'appelle

Dividende ; celui par lequel on doit divifer, *Divifeur ;* & celui qui marque combien de fois le dividende contient le divifeur, s'appelle le *Quotient.*

On n'a pas toujours pour but dans la
divifion, de favoir combien de fois un
nombre en contient un autre ; mais on fait
l'opération dans tous les cas, comme fi elle
tendoit à ce but, c'eft pourquoi on peut,
dans tous les cas, la confidérer comme
l'opération par laquelle on trouve combien
de fois le dividende contient le divifeur.

Il fuit delà, que fi on multiplie le divifeur par le quotient, on doit reproduire
le dividende, puifque c'eft prendre ce divifeur autant de fois qu'il eft dans le dividende : cela eft général, foit que le quotient foit un nombre entier, foit qu'il foit
un nombre fractionnaire.

Quant à l'efpece des unités du quotient,
ce n'eft ni par l'efpece de celles du dividende, ni par l'efpece de celles du divifeur,
ni par l'une & l'autre qu'il faut en juger ;
car le dividende & le divifeur reftant les
mêmes, le quotient qui fera auffi toujours
le même numériquement, peut être fort
différent pour la nature de fes unités, felon
la queftion qui donne lieu à cette divifion.

Par

Par exemple, s'il est question de savoir combien 8^{t} contiennent 4^{t}, le quotient sera un nombre abstrait qui marquera 2 fois. Mais s'il est question de savoir combien pour 8^{t} on fera faire d'ouvrage à raison de 4^{t} la toise, le quotient sera 2 toises, qui est un nombre concret, & dont l'espece n'a aucun rapport avec le dividende ni avec le diviseur.

Mais on voit, en même-temps, que la question seule qui conduit à faire la division dont il s'agit, décide la nature des unités du quotient.

De la division d'un nombre composé de plusieurs chiffres, par un nombre qui n'en a qu'un.

60. L'opération que nous allons décrire suppose qu'on sache trouver combien de fois un nombre de un ou deux chiffres contient un nombre d'un seul chiffre. C'est une connoissance déjà acquise, quand on fait de mémoire les produits des nombres qui n'ont qu'un chiffre. On peut aussi, pour y parvenir, faire usage de la table que nous avons donnée ci-dessus (48). Par exemple si je veux savoir

Arithmétique.   D

combien de fois 74 contient 9, je cherche le divifeur 9 dans la bande fupérieure, & je defcends verticalement jufqu'à ce que je rencontre le nombre le plus approchant de 74, c'eſt ici 72; alors le nombre 8 qui fe trouve vis-à-vis 72, dans la premiere colonne, eſt le nombre de fois, ou le quotient que je cherche.

Cela fuppofé, voici comment fe fait la divifion d'un nombre qui a plufieurs chiffres, par un nombre qui n'en a qu'un.

Ecrivez le divifeur à côté du dividende, féparez l'un de l'autre par un trait, & fou-lignez le divifeur fous lequel vous écrirez les chiffres du quotient, à mefure que vous les trouverez.

Prenez le premier chiffre fur la gauche du dividende, ou les deux premiers chif-fres, fi le premier ne contient pas le di-vifeur.

Cherchez combien ce premier ou ces deux premiers chiffres contiennent le di-vifeur; écrivez ce nombre de fois fous le divifeur.

Multipliez le divifeur par le quotient que vous venez d'écrire, & portez le produit fous la partie du dividende que vous venez d'employer.

Enfin retranchez le produit, de la partie supérieure du dividende à laquelle il répond, & vous aurez un reste.

A côté de ce reste, abaissez le chiffre suivant du dividende principal, & vous aurez un second dividende partiel, sur lequel vous opérerez comme sur le premier, plaçant le quotient à droite de celui qu'on a déjà trouvé, multipliant de même le diviseur par ce quotient, écrivant & retranchant le produit comme ci-devant.

Vous abaisserez, de même, à côté du reste de cette division, le chiffre du dividende, qui suit celui que vous avez abaissé, & vous continuerez toujours de la même maniere jusqu'au dernier inclusivement.

Cette regle va être éclaircie par l'exemple suivant.

EXEMPLE.

On propose de diviser 8769 par 7.

J'écris ces deux nombres comme on les voit ci après.

D 2

```
dividende | 7 diviſeur
   8769   | 1252 5/7 quotient
   7
   ─────
   17
   14
   ─────
      36
      35
   ─────
        19
        14
      ─────
         5
```

Et commençant par la gauche du dividende, je devrois dire en 8 mille, combien de fois 7 : mais je dis ſimplement en
8 combien de fois 7 ? Il y eſt une fois.
Cet 1 eſt naturellement mille, mais les
chiffres qui viendront après lui donneront
ſa véritable valeur ; c'eſt pourquoi j'écris
ſimplement 1 ſous le diviſeur.

    Je multiplie le diviſeur 7 par le quotient
1, & je porte le produit 7 ſous la partie 8
que je viens de diviſer ; faiſant la ſouſtraction, j'ai pour reſte 1.

    Ce reſte 1 eſt la partie de 8 qui n'a pas
été diviſée, & eſt une dixaine à l'égard du
chiffre ſuivant 7 ; c'eſt pourquoi j'abaiſſe
ce même chiffre 7, à côté, & je continue

l'opération, en difant en 17, combien de fois 7 ? 2 fois. J'écris ce 2 à la droite du premier quotient 1 qu'a donné la premiere opération.

Je multiplie, comme dans la premiere opération, le divifeur 7 par le quotient 2 que je viens de trouver ; je porte le produit 14 fous mon dividende partiel 17, & faifant la fouftraction, il me refte 3 pour la partie qui n'a pu être divifée.

A côté de ce refte 3 j'abaiffe 6, troifieme chiffre du dividende, & je dis en 36 combien de fois 7 ? 5 fois : j'écris 5 au quotient.

Je multiplie le divifeur 7 par 5 ; & ayant écrit ce produit 35 fous mon nouveau dividende partiel, je l'en retranche ; & il me refte 1.

Enfin à côté de ce refte 1, j'abaiffe le chiffre 9 du dividende, & je dis en 19 combien de fois 7 ? 2 fois ; j'écris 2 au quotient.

Je multiplie le divifeur 7, par ce nouveau quotient 2, & ayant écrit le produit 14 fous mon dernier dividende partiel 19, j'ai pour refte 5.

Je trouve donc que 8769 contiennent 7, autant de fois que le marque le quotient que nous avons écrit ; c'eft-à-dire, 1252 fois, & qu'il refte 5.

A l'égard de ce reste , nous nous conten-
terons pour le préfent de dire qu'on l'écrit
à côté du quotient, comme on le voit dans
cet exemple , c'eft-à-dire , en écrivant le
divifeur au deffous de ce refte , & féparant
l'un de l'autre par un trait ; & alors on
prononce *cinq feptiemes*. Nous explique-
rons par la fuite la nature de ces fortes de
nombres.

6 1. Si dans la fuite de l'opération ,
quelqu'un des dividendes partiels fe trouvoit ne pas contenir le divifeur, on écriroit zéro au quotient, & omettant la multiplication , on abaifferoit tout de fuite un
autre chiffre à côté de ce dividende partiel ,
& on continueroit la divifion.

Exemple.

Il s'agit de divifer 14464 par 8

$$
\begin{array}{c|l}
14464 & \ 8 \\
8 & \overline{\quad 1808} \\
\hline
64 & \\
64 & \\
\hline
064 & \\
64 & \\
\hline
0 &
\end{array}
$$

Je prends ici les deux premiers chiffres

du dividende , parce que le premier ne contient pas le diviseur.

Je trouve que 14 contient 8 , 1 fois, j'écris 1 au quotient ; je multiplie 8 par 1 , & je retranche le produit 8 de 14 , ce qui me donne pour reste 6 , à côté duquel j'abaisse le troisieme chiffre 4 du dividende.

Je continue en disant , en 64 combien de fois 8 ? huit fois ; j'écris 8 au quotient , & faisant la multiplication , j'ai pour produit 64 que je retranche du dividende partiel 64 , il me reste o à côté duquel j'abaisse 6 , quatrieme chiffre du dividende ; & comme 6 ne contient pas 8 , j'écris o au quotient , & j'abaisse tout de suite à côté de 6 le dernier chiffre du dividende qui est ici 4 , pour dire en 64 combien de fois 8 ? il y est 8 fois : après avoir écrit 8 au quotient , je fais la multiplication ; & je retranche le produit 64 : & comme il ne reste rien , j'en conclus que 14464 contiennent , 8 , 1808 fois.

De la division par un nombre de plusieurs chiffres.

62. Lorsque le diviseur aura plusieurs chiffes , on se conduira de la maniere suivante.   D 4

Prenez fur la gauche du dividende autant de chiffres qu'il eft néceffaire pour contenir le divifeur.

Cela pofé, au lieu de chercher comme
ci-devant, combien la partie du dividende
que vous avez prife, contient votre divifeur entier, cherchez feulement combien
de fois le premier chiffre de votre divifeur eft compris dans le premier chiffre
de votre dividende, ou dans les deux
premiers fi le premier ne fuffit pas; mar-
quez ce quotient fous le divifeur comme
ci-devant.

Multipliez fucceffivement, felon la
regle donnée (50), tous les chiffres de
votre divifeur, par ce quotient, & portez
à mefure, les chiffres du produit fous les
chiffres correfpondans de votre dividende
partiel. Faites la fouftraction, & à côté
du refte abaiffez le chiffre fuivant du dividende, pour continuer l'opération de la
même maniere.

Nous allons éclaircir ceci par quelques exemples, & prévenir en même
temps les cas qui peuvent caufer quelque
embarras.

EXEMPLE.

On propose de diviser 75347 par 53.

$$
\begin{array}{r|l}
 & 53 \\
75347 & 1471\frac{34}{53} \\
53 & \\
\hline
223 & \\
212 & \\
\hline
114 & \\
106 & \\
\hline
87 & \\
53 & \\
\hline
34 &
\end{array}
$$

Je prends feulement les deux premiers chiffres du dividende, parce qu'ils contiennent le diviseur, & au lieu de dire en 75 combien de fois 53, je cherche feulement combien les 7 dixaines de 75 contiennent le 5 dixaines de 53, c'eſt-à-dire, combien 7 contient 5 : je trouve une fois que j'écris au quotient.

Je multiplie 53 par 1, & je porte le produit 53 fous 75 : la fouſtraction faite il reſte 22, à côté duquel j'abaiſſe le chiffre 3 du dividende, & je pourſuis, en diſant, pour plus de facilité, en 22

combien de fois 5 , (au lieu de dire en
223 combien de fois 53) ; je trouve 4 fois
que j'écris au quotient.

Je multiplie fuccefīivement par 4 les
deux chiffres du divifeur , & je porte le
produit 212 , fous mon dividende partiel
223 ; la fouſtraction faite, j'ai pour refte
11 ; j'abaiffe à côté de ce refte, le chiffre 4
du dividende, & je dis fimplement, comme
ci-deſſus, en 11 combien de fois 5 ? 2 fois ;
je l'écris au quotient, & je multiplie 53
par 2, ce qui me donne 106 que j'écris
fous le dividende partiel 114; faifant la fouftraction, j'ai pour refte 8, à côté duquel
j'abaiffe le dernier chiffre 7 ; je divife de
même 87, & continuant comme ci-deſſus,
je trouve 1 pour quotient, & 34 pour refte
que j'écris à côté du quotient, de la maniere
qui a été indiquée plus haut (60).

63. On devroit, à la rigueur, chercher combien de fois chaque dividende
partiel contient le divifeur entier ; mais
comme cette recherche feroit fouvent
longue & pénible, on fe contente, comme on vient de le voir, de chercher
combien la partie la plus forte de ce dividende contient la partie la plus forte du
divifeur. Le quotient qu'on trouve par

cette voie n'eſt pas toujours le véritable, parce qu'en prenant ce parti, on ne fait réellement qu'une eſtimation approchée ; mais outre que cette eſtimation met preſque toujours ſur le but, & que dans les cas où elle n'y met pas, elle en écarte peu ; la multiplication qui vient enſuite, ſert à redreſſer ce qu'il peut y avoir de défeclueux dans ce jugement. En effet, ſi le dividende partiel contenoit réellement le diviſeur trois fois, par exemple, & que par l'eſſai qu'on fait, on eût trouvé qu'il le contient 4 fois, il eſt facile de voir qu'en faiſant la multiplication par 4, on auroit un produit plus grand que le dividende ; puiſqu'on prendroit le diviſeur plus de fois qu'il n'eſt réellement dans ce dividende, & par conſéquent la ſouſtraction deviendra impoſſible ; alors on diminuera le quotient ſucceſſivement d'une, deux, &c. unités, juſqu'à ce qu'on trouve un produit qu'on puiſſe retrancher : au contraire, ſi l'on n'avoit mis que 2 au quotient, le reſte de la ſouſtraction ſe trouveroit plus grand que le diviſeur ; ce qui prouveroit que le diviſeur y eſt encore contenu, & que par conſéquent le quotient eſt trop foible.

Au refte , on acquiert en peu de temps
l'ufage de prévoir de combien on doit diminuer ou augmenter le quotient que donne
la premiere épreuve.

Exemple II.

On propofe de divifer 189492 par 375.

$$
\begin{array}{r|l}
 & 375 \\
\hline
189492 & 505\frac{117}{375} \\
1875 & \\
\hline
1992 & \\
1875 & \\
117 &
\end{array}
$$

Je prends les quatre premiers chiffres
du dividende , parce que les trois premiers
ne contiennent pas le divifeur.

Je dis, enfuite, en 18 feulement, combien de fois 3 ? il y eft réellement 6 fois ;
mais en multipliant 375 par 6 , j'aurois plus
que mon dividende 1894 , c'eft pourquoi
j'écris feulement 5 au quotient. Je multiplie
375 par 5 , & après avoir écrit le produit ,
fous 1894 , je fais la fouftraction , & j'ai
pour refte 19.

J'abaiffe à côté de 19 , le chiffre 9 du
dividende ; & comme 199 que j'ai alors ,
ne contient pas 375 , je pofe 0 au quotient ,

& j'abaiffe à côté de 199, le chiffre 2 du dividende, ce qui me donne 1992 pour lequel je dis, en 19 feulement, combien de fois 3? fix fois. Mais par la même raifon que ci-deffus, je n'écris au quotient, que 5 : & après avoir opéré comme ci-devant, j'ai pour refte 117.

64. Voici une réflexion qui peut fervir à éviter dans un grand nombre de cas, les tentatives inutiles. On eft principalement expofé à ces effais douteux, lorfque le fecond chiffre du divifeur eft fenfiblement plus grand que le premier. Dans ce cas, au lieu de chercher combien le premier chiffre du divifeur eft contenu dans la partie correfpondante du dividende, il faut chercher combien ce premier chiffre augmenté d'une unité, fe trouve contenu dans la partie correfpondante du dividende; cette épreuve fera toujours beaucoup plus approchante que la premiere.

EXEMPLE.

On propofe de divifer 1832 par 288.

$$1832 \div 288 = 6\frac{104}{288}$$

$$1832$$
$$1728$$
$$104$$

Au lieu de dire en 18 combien de fois 2 ; je dirai en 18 combien de fois 3 , parce que le divifeur 288 approche beaucoup plus de 300 que de 200 , je trouve 6 qui eft le véritable quotient , au lieu que j'aurois trouvé 9 , & j'aurois par conféquent été obligé de faire trois effais inutiles.

Moyens d'abréger la Méthode précédente.

65. C'eft pour rendre la méthode plus facile à faifir , que nous avons prefcrit d'écrire fous chaque dividende partiel , le produit qu'on trouve en multipliant le divifeur par le quotient; mais comme le but de l'Arithmétique doit être d'abréger les opérations , nous croyons devoir faire remarquer qu'on peut fe difpenfer d'écrire ces produits , & faire la fouftraction à mefure qu'on a multiplié chaque chiffre du divifeur. L'exemple fuivant fuffira pour faire entendre comment fe fait cette fouftraction.

EXEMPLE.

On peut diviſer 756984 par 932.

$$
\begin{array}{r|l}
756984 & \\
1138 & 812\frac{20}{932} \\
2064 & \\
\hline
200 &
\end{array}
$$

Après avoir pris les quatre premiers chiffres du dividende, qui ſont néceſſaires pour contenir le diviſeur, je trouve que 75 contient 9, 8 fois; c'eſt pourquoi j'écris 8 au quotient; & au lieu de porter ſous 7569, le produit de 932 par 8, je multiplie d'abord 2 par 8, ce qui me donne 16; mais comme je ne puis ôter 16 de 9, j'emprunte ſur le chiffre ſuivant 6 une dixaine, qui jointe à 9 me donne 19, duquel ôtant 16, il me reſte 3 que j'écris au-deſſous.

Pour tenir compte de cette dixaine empruntée, au lieu de diminuer d'une unité le chiffre 6 ſur lequel j'ai emprunté, je retiens cette unité que je vais ajouter au produit ſuivant; ainſi continuant la multiplication, je dis 8 fois 3 font 24, & 1 que j'ai retenu font 25; comme je ne puis ôter 25 de 6, j'emprunte ſur le chiffre

ſuivant 5 du dividende, deux dixaines, qui
jointes à 6, me donnent 26, deſquelles
j'ôte 25, & il me reſte 1 que j'écris ſous
6; par-là j'ai tenu compte de la premiere
dixaine dont j'aurois dû diminuer 6, parce
que j'ai retranché une dixaine de plus. Je
tiendrai, de même, compte des deux dixaines que je viens d'emprunter. Je continue
donc, en diſant 8 fois 9 font 72, & 2 que
j'ai empruntés font 74, leſquels ôtés de 75,
il reſte 1.

J'abaiſſe à côté du reſte 113 le chiffre 8
du dividende, & je continue de la même
maniere, en diſant en 11 combien de
fois 9? 1 fois; puis une fois 2 fait 2, qui
ôtés de 8 il reſte 6; 1 fois 3 fait 3, qui ôtés
de 3, il reſte 0; 1 fois 9 eſt 9, qui ôtés
de 11 il reſte 2. J'abaiſſe le chiffre 4 à côté
du reſte 206, & je dis en 20 combien de
fois 9? 2 fois; & faiſant la multiplication,
2 fois 2 font 4, qui ôtés de 4, il reſte 0;
2 fois 3 font 6, qui ôtés de 6, il reſte 0;
& enfin 2 fois 9 font 18, qui ôtés de 20,
il reſte 2.

66. Il peut arriver dans le cours de
ces diviſions partielles, que le dividende
contienne le diviſeur plus de 9 fois; cependant on ne doit jamais mettre plus
de

de 9 au quotient ; car fi l'on pouvoit feulement mettre 10 , ce feroit une preuve que
le quotient trouvé par l'opération précédente , feroit faux , puifque la dixaine qu'on
trouveroit dans le quotient actuel , appar-
tiendroit à ce premier quotient.

67. Si le dividende & le divifeur étoient
fuivis de zéros, on pourroit en ôter à l'un
& à l'autre autant qu'il y en a à la fuite
de celui qui en a le moins. Par exemple ,
pour divifer 8000 par 400 , je diviferai
feulement 80 par 4 ; car il eft évident
que 80 centaines ne contiennent pas plus
4 centaines, que 80 unités ne contiennent
4 unités.

De la Divifion des Parties Décimales.

68. Pour ne pas nous arrêter à des
diftinctions fuperflues , nous réduirons l'o-
pération de la divifion des décimales à cette
regle feule.

Mettez à la fuite de celui des deux
nombres propofés , qui a le moins de décimales , un nombre de zéros fuffifant pour
que le nombre des décimales foit le même
dans chacun ; (cela ne changera rien à

Arithmétique. E

la valeur de ce nombre (30) ; fupprimez la virgule dans l'un & dans l'autre, & faites l'opération comme pour les nombres entiers ; il n'y aura rien à changer au quotient que vous trouverez.

E X E M P L E.

On propofe de divifer 12,52 par 4,3 :
J'écris . . . . . 12,52 | 4,3

Ou plutôt . . 12,52 | 4,30

en complétant le nombre des décimales.

Supprimant la virgule, j'ai 1252 à divifer par 430 ; faifant l'opération,

$$1252 \,|\, 43$$

$$392 \,|\, 2\frac{392}{430}$$

Je trouve 2 pour quotient, & 392 pour refte, c'eft-à-dire, que le quotient eft 2 & $\frac{392}{430}$.

Mais comme l'objet qu'on fe propofe quand on fe fert de décimales, eft d'éviter les fractions ordinaires ; au lieu d'écrire le refte 392 fous la forme de fraction, comme on vient de le faire, on continueroit l'opération comme dans l'exemple fuivant.

EXEMPLE.

$$
\begin{array}{r|l}
1252 & 430 \\
\hline
& 2,9116 \\
\end{array}
$$

$$
\begin{array}{r}
3920 \\
500 \\
700 \\
2700 \\
120 \\
\end{array}
$$

Après avoir trouvé le quotient, en entier, qui eſt ici 2, on mettra à côté du reſte 392, un zéro qui, à la vérité, rendra ce reſte dix fois trop grand ; on continuera de diviſer par 430, & ayant trouvé qu'il faudroit mettre 9 au quotient, on l'y mettra en effet, mais après avoir marqué la place des unités entieres, en mettant une virgule après le 2 ; par ce moyen le 9 ne marquera plus que des dixiemes : après la multiplication & la souſtraction faites, on mettra à côté du reſte 50, un zéro, ce qui eſt la même choſe que ſi l'on en avoit mis d'abord deux à côté du dividende, mais en mettant après 9, le quotient 1 qu'on trouvera, on lui donnera par-là ſa véritable valeur, puiſqu'alors il marque des centiemes ; on continuera ainſi tant

E 2

qu'on le jugera néceffaire. En s'en tenant
à deux décimales, on a la valeur du quo-
tiont à moins d'un centieme d'unité près ;
en pouffant jufqu'à trois chiffres, on a
le quotient à moins d'un millieme près, &
ainfi de fuite ; puifqu'on n'auroit pas pu
mettre une unité de plus ou de moins, fans
rendre le quotient trop fort ou trop foible.

Tous les reftes de divifion peuvent être
réduits ainfi en décimales.

Il refte à expliquer pourquoi la fuppreffion de la virgule dans le dividende & dans
le divifeur ne change rien au quotient,
lorfqu'on a rendu le nombre des décimales le même dans chacun de ces deux
nombres : c'eft ce qu'il eft aifé d'appercevoir, parce que dans l'exemple ci-deffus,
le dividende 12,52, & le divifeur 4,30 ne
font autre chofe que 1252 centiemes &
430 centiemes, puifque les unités entieres
valent des centaines de centiemes (22) ;
or il eft clair que 1252 centiemes ne contiennent pas autrement 430 centiemes,
que 1252 unités ne contiennent 430 unités ; donc la confidération de la virgule eft
inutile quand on a complettê le nombre des
décimales.

69. Lorſqu'on n'a beſoin de connoître le quotient d'une diviſion, que juſqu'à un degré d'exactitude propoſé, on peut abréger le calcul, par la méthode ſuivante. Nous ſuppoſerons, d'abord, qu'on n'a beſoin de connoître ce quotient, qu'à une unité près : nous ferons voir enſuite, comment on doit appliquer la méthode pour l'avoir auſſi près qu'on voudra : voici la regle.

Supprimez, ſur la droite du dividende, autant de chiffres, moins un, qu'il y en a dans le diviſeur : faites, enſuite, la diviſion, comme à l'ordinaire : s'il n'y a point de reſte, vous mettrez à la ſuite du quotient, autant de zéros, que vous avez ſupprimé de chiffres dans le dividende. Mais s'il y a un reſte, vous continuerez de diviſer, non pas par le même diviſeur qu'auparavant, ce qui n'eſt plus poſſible, mais par ce diviſeur dont vous aurez ſupprimé le dernier chiffre de la droite : après cette diviſion, vous diviſerez le nouveau reſte, par le diviſeur précédent dont vous ſupprimerez le dernier chiffre ſur la droite : & vous continuerez, ainſi, de diviſer, en ſupprimant à chaque diviſion, un chiffre ſur la droite du diviſeur.

EXEMPLE.

On veut avoir; à moins d'une unité près, le quotient de 8789236487 diviviſé par 64423. Je ſupprime les quatre derniers chiffres de la droite du dividende, & je diviſe 878923, par le diviſeur propoſé 64423.

$$
\begin{array}{r|l}
878923 & 64423 \\
\hline
234683 & 136430 \\
41424 \cdot\cdot & 6442 \\
2772 \cdot\cdot & 644 \\
196 \cdot\cdot & 64 \\
4 \cdot\cdot & 6 \\
\hline
\end{array}
$$

Je trouve, d'abord, 13 pour quotient, & 41424 pour reſte : je diviſe donc les 41424, par 6442, en ſupprimant le dernier chiffre 3 du diviſeur : j'ai pour quotient 6, que j'écris à la ſuite du premier quotient 13 ; & le reſte eſt 2772 que je diviſe par 644, en ſupprimant encore un chiffre ſur la droite du diviſeur primitif; j'ai pour quotient 4, que

E 3

J'écris à la fuite du quotient principal 136 ; le refte eft 196
que je divife par 64 , en fupprimant encore un chiffre dans
le divifeur : le quotient eft 3 , & le refte , 4. Enfin , je divife
par 6 , & j'ai 6 pour quotient ; enforte que le quotient
de 878236487 divifé par 64423 , eft 136430, à moins
d'une unité près. En effet , le quotient exact eft ....
$136430\frac{6597}{64423}$.

Il n'eft pas indifpenfable d'écrire , à chaque fois , comme
nous l'avons fait , le nouveau divifeur ; on peut fe contenter de barrer , dans le divifeur primitif , chaque chiffre à
mefure qu'on paffe a une nouvelle divifion : ce n'a été que
pour rendre l'opération plus fenfible , que nous avons écrit
ces divifeurs à côté des reftes fucceffifs.

70. Si le refte de la premiere divifion fe trouvoit plus
petit que n'eft le divifeur après qu'on en a fupprimé le dernier chiffre , on mettroit zéro au quotient ; & s'il fe trouvoit
encore plus pe it que ne feroit ce divifeur après qu'on en a
encore ôté le dernier des chiffres reftans , on mettroit encore
un zéro au quotient , & ainfi de fuite.

Exemple.

Pour avoir , à moins d'une unité près , le quotient de
5510654 divifé par 643 ; je divife comme à l'ordinaire ,
la partie 551060 qui refte après la fuppreffion des deux
derniers chiffres du dividende propofé.

551060	643
3666	85701
4510 . . 64	
009 . . 6	
9 .	
9 .	
3 .	

J'ai pour quotient 857 , & 9 pour refte : il faut donc
divifer ce refte , par 64 feulement ; comme 9 ne contient
pas ce divifeur , je mets o au quotient , & j'ai encore
pour refte , 9 , que je divife par 6 feulement ; enforte que
le quotient cherché , eft 85701 , à moins d'une unité près.

71. Si lorfqu'au commencement de l'opération on fupprime fur la droite du dividende , les chiffres que la regle

prefcrit de fupprimer , il fe trouve que les chiffres reftans ne contiennent pas le divifeur, on fupprimera tout de fuite, fur la droite du divifeur, autant de chiffres qu'il eft néceffaire pour que le divifeur y foit contenu.

E X E M P'L E.

On veut avoir , à moins d'une unité près , le quotient de 1611527 divifé par 64524.

Je fupprime les quatre chiffres 1527 de la droite du dividende. Mais comme les chiffres reftans 161 ne peuvent pas être divifés par 64524, je fupprime dans ce divifeur , les trois derniers chiffres 524 qui doivent être fupprimés pour que ce divifeur foit contenu dans le dividende reftant 161 ; ainfi je divife 161 par 64, en opérant comme dans l'exemple précédent ,

$$
\begin{array}{r|l}
 & 64 \\
\hline
161, & 25 \\
33 \;\cdot\; \cdot\; 6 & \\
\hline
3 &
\end{array}
$$

& j'ai 25 pour le quotient de 1611527 divifé par 64524, à moins d'une unité près : en effet, .le quotient exact eft $24\frac{62952}{64524}$ qui eft beaucoup plus près de 25 que de 24.

72. A mefure qu'on fupprime un chiffre dans le divifeur, il convient, pour plus d'exactitude , d'augmenter d'une unité, le dernier de ceux qui reftent, fi celui qu'on fupprime, eft au-deffus de 5 ou égal à 5. On augmentera de même , d'une unité le dernier des chiffres qui reftent dans le dividende, après la fuppreffion que la regle prefcrit , fi ceux-ci furpaffent ou 5 , ou 50, ou 500, felon qu'il y en a 1 ou 2, ou 3 , &c.

E X E M P L E.

On veut avoir, à moins d'une unité près, le quotient de 8657627 divifé par 1987.

Je divife donc 8658 par 1987, comme il fuit ,

$$
\begin{array}{r|l}
 & 1987 \\
\hline
8658 & 4357 \\
710 \;\cdot\; \cdot 199 & \\
113 \;\cdot\; \cdot\; 20 & \\
13 \;\cdot\; \cdot\; 2 &
\end{array}
$$

E 4

C'est-à-dire qu'au lieu de divifer le refle 710 par 198 feulement, je le divife par 199, parce que le dernier chiffre 7, que je fupprime, eft au-deffus de 5. Même raifon pour la divifion fuivante. Mais comme le dernier divifeur qui eft contenu 6 fois $\frac{1}{2}$ dans 13 eft un peu trop fort, je mets 7 au quotient, pour compenfer.

73. Maintenant, il eft facile de voir ce qu'il y a faire, lorfqu'on veut avoir le quotient beaucoup plus exactement. Par exemple, fi l'on vouloit avoir le quotient, à un dix-millieme d'unité près, la queftion fe réduiroit à mettre autant de zéros (ici, ce feroit quatre) à la fuite du dividende, qu'on veut avoir de décimales au quotient; après quoi, on fera la divifion felon la méthode actuelle. Et lorfqu'on aura trouvé le quotient, à moins d'une unité près, on en féparera fur la droite, par une virgule, autant de chiffres, qu'on vouloit avoir de décimales.

EXEMPLE.

On veut avoir, à moins d'un dix-millieme d'unité près, le quotient de 6927 divifé par 4532; je mets quatre zéros à la fuite de 6927, & la queftion fe réduit à avoir, à moins d'une unité près, le quotient de 69270000 divifé par 4532, c'eft-à-dire, conformément à la regle ci-deffus, à divifer 69270 par 4532, comme il fuit,

$$
\begin{array}{c|l}
69270 & 4532 \\
\hline
23950 & 15285 \\
1290 \;\cdot\; \cdot\; 453 \\
384 \;\cdot\; \cdot\; 45 \\
24 \;\cdot\; \cdot\; 5
\end{array}
$$

le quotient cherché eft donc, 1,5285, à moins d'un dix-millieme d'unité près.

S'il y avoit des décimales dans le dividende, ou dans le divifeur, ou dans tous les deux, on les rameneroit d'abord à n'en point avoir, felon ce qui a été dit (68), après quoi on opéreroit comme dans ce dernier exemple.

Donc fi l'on vouloit réduire une fraction propofée en décimales, on y parviendroit promptement par cette méthode, ayant égard à ce qui a été dit (71).

Ainſi ſi l'on veut réduire $\frac{4253}{9678}$ en décimales, & en avoir la valeur à moins d'un millieme d'unité près, on aura 4253000 à diviſer par 9678 ; ce qui (69) ſe réduira à diviſer 4253 par 9678, ou (71) à diviſer 4253 par 968 ſelon la méthode actuelle. On trouvera donc 439 ; enſorte qu'on aura 0,439 pour la valeur de $\frac{4253}{9678}$, à moins d'un millieme près.

74. Il pourroit arriver néanmoins que le quotient trouvé d'après ces regles fût fautif de 1, 2 ou trois unités dans le dernier chiffre. Quoique ce cas doive ſe rencontrer très-rarement, il n'eſt pas inutile de faire obſerver qu'on peut toujours le prévenir facilement, en ne ſéparant, au commencement de l'opération, ſur la droite du dividende, qu'autant de chiffres moins deux qu'il y en a dans le diviſeur ; & opérant, du reſte, comme ci-deſſus. Lorſque le quotient ſera trouvé, on en ſupprimera le dernier chiffre, en obſervant d'ajouter une unité au dernier de ceux qui reſteront, ſi celui qu'on ſupprime eſt plus grand que 5.

Preuve de la Multiplication & de la Diviſion.

75. On peut tirer de la définition même que nous avons donnée de chacune de ces deux opérations, le moyen d'en faire la preuve.

. Puiſque dans la multiplication on prend le multiplicande autant de fois que le multiplicateur contient d'unités, il s'enſuit que ſi l'on cherche combien de fois le produit contient le multiplicande, c'eſt-à-dire, (59) ſi l'on diviſe le produit par le multiplicande, on doit trouver, pour quotient, le multiplicateur; & comme on peut prendre le multiplicande pour le multiplicateur, *& vice versâ; en général, fi l'on divife le produit d'une multiplication, par l'un de fes facteurs, on doit trouver, pour quotient, l'autre facteur.*

Par exemple, ayant trouvé ci-deffus (50) que 2864 multiplié par 6 a donné 17184, je divife 17184 par 2864, je dois trouver & je trouve en effet, 6, pour quotient.

Pareillement, puifque le quotient d'une divifion marque combien de fois le dividende contient le divifeur, il s'enfuit que fi l'on prend le divifeur autant de fois qu'il eft marqué par le quotient, c'eft-à-dire, fi l'on multiplie le divifeur par le quotient, on doit reproduire le dividende lorfque la divifion a été faite fans refte, & que dans le cas où il y a un refte, fi l'on multiplie le divifeur par le quotient, & qu'au produit on ajoute le refte de la divifion, on doit reproduire le dividende.

Par exemple, nous avons trouvé ci-deffus (63) que 189492 divifé par 375, donnoit 505 pour quotient & 117 pour refte; en multipliant 375 par 505; on trouve 189375, auquel ajoutant le refte 117, on retrouve le dividende 189492.

Ainfi la multiplication & la divifion peuvent fe fervir de preuve réciproquement.

Mais on peut vérifier ces opérations par un moyen plus prompt que nous allons expofer : il ne faut pas, pour cela, négliger les réflexions que nous venons de faire : elles feront utiles dans beaucoup d'autres occafions.

Preuve par 9.

76. Suppofons qu'après avoir multiplié 65498 par 454, & trouvé que le produit eft 29736092, on veuille éprouver fi ce produit eft exact.

On ajoutera tous les chiffres 6, 5, 4, 9, 8, du multiplicande, comme s'ils ne contenoient que des unités fimples, & on retranchera 9 à mefure qu'il fe trouvera dans la fomme ; on aura un refte qui fera ici 5.

On ajoutera pareillement les chiffres 4, 5, 4 du multiplicateur, & retranchant pareillement tous les 9 que produira cette addition, on aura pour refte 4.

On multipliera le refte 5 du multiplicande par le refte 4 du multiplicateur, & du produit 20, on retranchera les 9 qu'il peut renfermer ; il reftera 2.

Si le produit eft exact, il faut qu'ajoutant de même tous les chiffres 2, 9, 7, 3, 6, 0, 9, 2, de ce produit, & retranchant tous les 9 , il ne reſte auſſi que 2 , ce qui a lieu en effet.

Cette régle eſt fondée ſur ce principe , que pour avoir le reſte de la ſouſtraction de tous les 9 qu'un nombre peut renfermer , il n'y a qu'à chercher le reſte que ces chiffres ajoutés comme des unités ſimples , donneroient après la ſupreſſion des 9.

En effet , ſi d'un nombre exprimé par un ſeul chiffre ſuivi de pluſieurs zéros , on retranche tous les 9 , le reſte ſera exprimé par ce ſeul chiffre : ſi de 4000 ou de 500 ou de 60000 vous retranchez tous les 9 , le reſte ſera 4 ou 5 ou 6 , &c. ce qui eſt aiſé à voir.

Donc le reſte que donneroit , par la ſuppreſſion des 9 , un nombre tel que 65498 , (qui eſt la même choſe que 60000 , plus 5000 , plus 400 , plus 90 , plus 8) , ſera le même que celui que donneroient 6 , plus 5 , plus 4 , plus 9 , plus 8 ; c'eſt-à-dire , le même que ſi l'on ajoutoit ſes chiffres comme contenant des unités ſimples.

En voici maintenant l'application à la preuve de la multiplication.

Puiſque 65498 eſt compoſé d'un certain nombre de 9 & d'un reſte 5 , & que le multiplicateur 454 eſt compoſé auſſi d'un certain nombre de 9, & d'un refte 4, il ne peut s'en falloir que du produit de 5 par 4 ou 20 que le produit total ne foit divifible par 9 ; ou en ôtant les 9 , il ne doit s'en falloir que de 2 , que le produit total ne foit divifible par 9 : donc il doit refter au produit la même quantité que dans le produit des deux reftes après la fuppreffion des 9 qu'il renferme.

On pourroit faire auffi cette preuve de la même maniere par le nombre 3.

A l'égard de la divifion , elle devient facile à éprouver , après ce qui a été dit (70). Après avoir ôté du dividende le refte qu'a donné la divifion , on regardera le réfultat comme un produit dont le divifeur & le quotient font les facteurs, & par conféquent on y appliquera la preuve par 9 , de la même maniere qu'on vient de le faire.

A parler exactement , cette vérification n'eft pas infaillible , parce que , dans la multiplication, par exemple, fi l'on s'étoit trompé de quelques unités fur quelque chiffre du produit, & qu'en même tems on eût fait une erreur égale, mais en fens contraire, fur quelque autre chiffre du même produit ; comme cela ne changeroit rien au refte que l'on auroit après la fuppreffion des 9 , cette regle ne feroit point appercevoir l'erreur ; mais comme il faut , ainfi qu'on le voit, au moins deux erreurs , & deux erreurs qui fe compenfent, ou qui ne different que d'un certain nombre de fois 9 , les cas où cette vérification feroit fautive , feront très-rares dans l'ufage.

Quelques usages de la Regle précédente.

77. La division sert non - seulement à trouver combien de fois un nombre en contient un autre, mais encore à partager un nombre en parties égales. Prendre la moitié, le tiers, le quart, le cinquieme, le vingtieme, le trentieme, &c. d'un nombre ; c'est diviser ce nombre par 2, 3, 4, 5, 20, 30, &c. ou le partager en 2, 3, 4, 5, 20, 30, &c. parties égales, pour prendre une de ces parties.

La division sert encore à convertir les unités d'une certaine espece, en unités d'une espece supérieure ; par exemple, un certain nombre de deniers en sols, & ceux - ci en livres. Pour réduire 5864 deniers en sols, on remarquera que puisqu'il faut 12 deniers pour faire un sol, autant de fois il y aura 12 deniers dans 5864 deniers, autant il y aura de sols ; il faut donc diviser par 12, & on trouvera 488ᶠ & 8ᵈ de reste. Pour réduire en livres les 488ᶠ on divisera 488 par 20, puisqu'il faut 20ᶠ pour faire la livre ; & on aura en total 24 livres 8 sols 8 deniers.

A l'occasion de cette division par 20,

remarquons que quand on a à divifer par un nombre fuivi de zéros, on peut abréger l'opération en féparant fur la droite du dividende autant de chiffres qu'il y a de zéros; on divife la partie qui refte à gauche, par les chiffres fignificatifs du divifeur; s'il y a un refte, on écrit à fa fuite, les chiffres qu'on a féparés, ce qui donne le refte total. Par exemple, pour divifer 5834, par 20; je fépare le dernier chiffre 4, & je divife par 2, la partie reftante 583; j'ai pour quotient 291, & 1 pour refte; j'écris à côté de ce refte 1, le chiffre féparé 4, ce qui me donne 14 pour refte total; en forte que le quotient eft 291 $\frac{14}{20}$.

Cette abréviation peut être appliquée à la réduction de la charge d'un navire en tonneaux de poids : fi l'on fait que la charge eft de 2584954 livres; pour la réduire en tonneaux, c'eft-à-dire, pour divifer par 2000; on féparera les trois derniers chiffres de la droite, & prenant la moitié des autres on aura 1292 tonneaux & 954 livres.

Quand on veut évaluer en livres & fols le vingtieme d'un nombre de livres propofé, il fuit de cette regle, que l'opération fe réduit à compter le dernier chiffre pour des fols, & prendre moitié des autres chiffres que l'on comptera pour des livres. Si en prenant cette moitié, il refte une unité, on la comptera pour une dixaine de fols qu'on placera à la gauche du chiffre qu'on a féparé d'abord. Par exemple, fi l'on veut avoir le vingtieme de 54672 liv. on féparera le dernier chiffre 2 que l'on comptera pour 2 fols ; & prenant la moitié de 5467 qui eft 2733 avec une unité de refte, on écrira 2733 livres 12 fols : la raifon de cette regle eft évidente, en faifant attention que 54672 liv. eft 54660 liv. plus 12 livres ; or le vingtieme de 54660 eft évidemment 2733, & celui de 12 liv. eft 12 fols, puifque le vingtieme d'une livre eft un fol. S'il y avoit des fols & deniers dans la fomme propofée, on négligeroit les deniers, dont la vingtieme partie ne peut jamais faire un denier. A l'égard des fols, on les tripleroit ; & prenant le cinquieme, on le porteroit aux deniers. Ainfi le vingtieme de 54672 liv. 17 fols 7 deniers, eft 2733 liv. 12 fols 10 deniers.

S'il s'agiffoit d'avoir le dixieme d'un nombre de livres, on fépareroit le dernier chiffre, & l'ayant doublé, on le compteroit pour des fols ; & on compteroit comme des livres, tous les chiffres reftans fur la gauche. Ainfi le dixieme de 67987 liv. eft 6798 liv. 14 fols. La raifon pour laquelle on double le dernier chiffre, eft que le dixieme d'une livre, eft 2 fols.

On a affez fouvent befoin de prendre les quatre deniers pour livre, d'une fomme propofée : cela fe réduit à en prendre d'abord le vingtieme, comme il vient d'être dit : puis prendre le tiers de ce vingtieme. Ainfi pour avoir les quatre deniers pour livre de 8762 livres, j'en prends le vingtieme qui eft 438 liv. 2 fols, dont le tiers 146 liv. o fol 8 deniers forme les quatre deniers pour livre, de 8762 liv. En effet, les quatre deniers pour livre, ne font autre chofe que le foixantieme ; puifque 4 deniers font contenus 60 fois dans la livre. Or le foixantieme eft le tiers du vingtieme.

Des Fractions.

78. Les fractions confidérées arithmétiquement font des nombres par lefquels

on

on exprime les quantités plus petites que l'unité.

Pour se faire une idée nette des fractions, il faut concevoir que la quantité qu'on a prise d'abord pour unité, est elle-même composée d'un certain nombre d'unités plus petites, comme l'on conçoit, par exemple, que la livre est composée de vingt parties ou de vingt unités plus petites qu'on appelle sols.

Une ou plusieurs de ces parties forment ce qu'on appelle une fraction de l'unité. On donne aussi ce nom aux nombres qui représentent ces parties.

79. Une fraction peut être exprimée en nombres, de deux manieres qui sont chacune en usage.

La premiere maniere consiste à représenter, comme les nombres entiers, les parties de l'unité que contient la quantité dont il s'agit ; mais alors on donne un nom particulier à ces parties : ainsi pour marquer 7 parties dont on en conçoit 20 dans la livre, on employeroit le chiffre 7, mais on prononceroit 7 sols, & on écriroit 7 s.: cette maniere de marquer les parties de l'unité, a lieu dans les nombres complexes dont nous parlerons par la suite.

Arithmétique.   F

80. Mais comme il faudroit un figne particulier pour chaque divifion qu'on pourroit faire de l'unité, on évite cette multiplicité de fignes, en marquant une fraction par deux nombres placés l'un au-deffous de l'autre, & féparés par un trait. Ainfi, pour marquer les 7 parties dont il vient d'être queftion, on écrit $\frac{7}{20}$; c'eft-à-dire, qu'en général, on écrit d'abord le nombre qui marque combien la quantité dont il s'agit, contient de parties de l'unité; & on écrit au-deffous de ce nombre, celui qui marque combien on conçoit de ces parties dans l'unité.

81. Et pour énoncer une fraction, on énonce d'abord le nombre fupérieur (qui s'appelle *le numérateur*); enfuite le nombre inférieur (qui s'appelle *le dénominateur*); mais on ajoute au nom de celui-ci la terminaifon *ieme* : par exemple, pour énoncer $\frac{7}{20}$ on prononcera *fept vingtiemes*. Pour énoncer $\frac{4}{5}$, on prononcera *quatre cinquiemes* ; & par cette expreffion *quatre cinquiemes*, on doit entendre quatre parties, dont il en faudroit cinq pour compofer l'unité.

Il faut feulement excepter de la terminaifon générale, les fractions dont le dénominateur eft 2 ou 3 ou 4, qui fe prononcent, *moitiés* ou *demis*, *tiers*, *quarts*. Ainfi ces fractions $\frac{1}{2}$, $\frac{2}{\cdot}$, $\frac{3}{\cdot}$, fe prononceroient un *demi*, d *ux tiers*, *trois quarts*

82. Le numérateur marque donc combien la quantité repréfentée par la fraction contient de parties de l'unité; & le dénominateur fait connoître de quelle valeur font ces parties, en marquant combien il en faut pour compofer l'unité. On lui donne le nom de dénominateur, parce que c'eft lui, en effet, qui donne le nom à la fraction, & qui fait que dans ces deux fractions, par exemple, $\frac{3}{5}$ & $\frac{2}{7}$, les parties de la premiere s'appellent des *cinquiemes*, & les parties de la feconde, des *feptiemes*.

83. Le numérateur & le dénominateur s'appellent auffi, d'un nom commun, les deux *termes de la fraction*.

Des Entiers confidérés fous la forme de Fraction.

84. Les opérations qu'on fait fur les fractions, conduifent fouvent à des réfultats fractionnaires dont le numérateur eft plus grand que le dénominateur, par exemple, à des réfultats tels que $\frac{8}{8}$, $\frac{27}{5}$, &c.

Ces fortes d'expreſſions ne font pas des fractions proprement dites , mais ce font des nombres entiers joints à des fractions.

85. Pour extraire les entiers qui s'y trouvent renfermés , il faut diviſer le numérateur par le dénominateur. Le quotient marquera les entiers, & le reſte de la diviſion fera le numérateur de la fraction qui accompagne ces entiers. Ainſi $\frac{27}{5}$ donneront $5\frac{2}{5}$, c'eſt-à-dire , cinq entiers & deux cinquiemes.

En effet, dans l'expreſſion $\frac{27}{5}$, le dénominateur 5 fait connoître que l'unité eſt compoſée de 5 parties ; donc autant de fois il y aura 5 dans 27, autant il y aura d'unités entieres dans la valeur de la fraction $\frac{27}{5}$.

86. Les multiplications & les diviſions des nombres entiers joints aux fractions exigent, du moins, pour la facilité , qu'on convertiſſe ces entiers en fraction.

On fait cette converſion en multipliant le nombre entier, par le dénominateur de la fraction en laquelle on veut réduire cet entier. Par exemple, ſi on veut convertir 8 entiers en cinquiemes , on multipliera 8 par 5 , & on aura $\frac{40}{5}$. En effet , lorſqu'on veut convertir 8 en cinquiemes, on regarde l'unité comme compofée de 5 parties ; les 8 unités en contiendront donc 40 : pareillement $7 \frac{4}{9}$ convertis en neuviemes, feront $\frac{67}{9}$.

Des changemens qu'on peut faire subir aux deux termes d'une Fraction sans changer sa valeur.

87. Il eſt viſible que plus on concevra de parties dans l'unité , & plus il faudra de ces parties pour compoſer une même quantité.

88. Donc on peut rendre le dénominateur d'une fraction , double, triple , quadruple , &c. fans rien changer à la valeur de la fraction , pourvu qu'en même temps on rende auſſi le numérateur double, triple , quadruple , &c.

On peut donc dire en général qu'*une fraction ne change point de valeur quand on multiplie ſes deux termes par un même nombre.*

Ainſi $\frac{3}{4}$ eſt la même choſe que $\frac{6}{8}$; $\frac{1}{2}$ la même choſe que $\frac{2}{4}$, que $\frac{3}{6}$, que $\frac{5}{10}$; &c.

89. Par un raiſonnement ſemblable, on voit que moins on ſuppoſera de parties dans l'unité , moins il faudra de ces parties

pour former une même quantité ; que par conféquent on peut , fans changer une fraction , rendre fon dénominateur 2 , 3 , 4 , &c. fois plus petit , pourvu qu'en même tems on rende fon numérateur 2, 3, 4, &c. fois plus petit ; & en général , *une fraction ne change point de valeur quand on divife fes deux termes par un même nombre.*

Pour voir diftinctement la vérité de ces deux propofitions , il fuffit de fe rappeller ce que c'eft que le dénominateur , & ce que c'eft que le numérateur d'une fraction.

Remarquons donc que multiplier ou divifer les deux termes d'une fraction par un même nombre , n'eft point multiplier ou divifer la fraction ; puifque , comme nous venons de le dire , elle ne change point de valeur par ces opérations.

Les deux principes que nous venons de pofer , font la bafe des deux réductions fuivantes qui font d'un très-grand ufage. _

Réduction des Fractions à un même Dénominateur.

90. 1°. Pour réduire deux fractions à un même dénominateur , multipliez les

deux termes de la premiere, chacun par le dénominateur de la seconde ; & les deux termes de la seconde, chacun par le dénominateur de la premiere.

Par exemple, pour réduire à un même dénominateur les deux fractions $\frac{2}{3}$, $\frac{3}{4}$, je multiplie $\cdot$ & 3 qui sont les deux termes de la premiere fraction, chacun par 4 dénominateur de la seconde ; & j'ai $\frac{8}{12}$ qui (88) est de même valeur que $\frac{2}{3}$.

Je multiplie de même, les deux termes 3 & 4 de la seconde fraction, chacun par 3 dénominateur de la premiere, & j'ai $\frac{9}{12}$ qui est de la même valeur que $\frac{3}{4}$; enforte que les fractions $\frac{2}{3}$ & $\frac{3}{4}$ font changées en $\frac{8}{12}$ & $\frac{9}{12}$, qui sont respectivement de même valeur que celles-là, & qui ont le même dénominateur entr'elles.

Il est aisé de voir que par cette méthode le dénominateur sera toujours le même pour chacune des deux nouvelles fractions, puisque dans chaque opération le nouveau dénominateur est formé de la multiplication des deux dénominateurs primitifs.

91. 2°. Si on a plus de deux fractions, on les réduira toutes au même dénominateur, en multipliant les deux termes de

chacune, par le produit réfultant de la multiplication des dénominateurs des autres fractions.

Par exemple, pour réduire à un même dénominateur les quatre fractions $\frac{2}{3}$, $\frac{3}{4}$, $\frac{4}{5}$, $\frac{5}{7}$, je multiplierai les deux termes 2 & 3 de la premiere, par le produit des trois dénominateurs 4, 5, 7 des autres fractions, produit que je trouve en difant : 4 fois 5 font 20, puis 7 fois 20 font 140; je multiplie donc 2 & 3, chacun par 140, & j'ai $\frac{282}{420}$, qui eft de même valeur que $\frac{2}{3}$ (88).

Je multiplie pareillement les deux termes 3 & 4 de la feconde fraction, par le produit de 3, 5, 7, produit que je forme en difant : 3 fois 5 font 15, puis 7 fois 15 font 105; je multiplie donc 3 & 4 chacun par 105, ce qui me donne $\frac{315}{420}$, fraction de même valeur que $\frac{3}{4}$.

Paffant à la troifieme fraction, je multiplie fes deux termes 4 & 5 chacun par 84, produit des trois dénominateurs 3, 4 & 7, & j'ai $\frac{336}{420}$ au lieu de $\frac{4}{5}$.

Enfin pour la quatrieme je multiplierai 5 & 7, chacun par le produit 60 des dénominateurs 3, 4, 5 des trois premieres fractions, & j'aurai $\frac{300}{420}$ au lieu de $\frac{5}{7}$, enforte que les quatre fractions $\frac{2}{3}$, $\frac{3}{4}$, $\frac{4}{5}$, $\frac{5}{7}$ font changées en $\frac{280}{420}$, $\frac{315}{420}$, $\frac{336}{420}$, $\frac{300}{420}$, moins simples, à la vérité, que celles là, mais de même valeur qu'elles, & plus fusceptibles, par leur dénominateur commun, des opérations de l'addition & de la fouftraction.

Remarquons que le dénominateur de chaque nouvelle fraction étant formé du produit de tous les dénominateurs primitifs, ce nouveau dénominateur ne peut manquer d'être le même pour chaque fraction.

Reduction des Fractions à leur plus simple expreſſion.

92. Une fraction eſt d'autant plus ſimple, que ſes deux termes ſont de plus petits nombres. Il eſt ſouvent poſſible d'amener une fraction propoſée, à être exprimée par de moindres nombres, & cela lorſque ſon numérateur & ſon dénominateur peuvent être diviſés par un même nombre ; comme cette opération n'en change point la valeur (89), c'eſt une ſimplification qu'on ne doit pas négliger.

Voici le procédé qu'il faudra ſuivre.

93. On divifera le numérateur & le dénominateur, chacun par 2, & on répétera cette divifion tant qu'elle pourra fe faire exactement.

On divifera enfuite les deux termes par 3, & on continuera de divifer l'un & l'autre par 3, tant que cela pourra fe faire.

On fera la même chofe fucceffivement avec les nombres, 5, 7, 11, 13 17, &c. c'eft-à-dire, avec les nombres qui n'ont aucun divifeur qu'eux-mêmes, ou l'unité, & qu'on appelle *nombres premiers*.

Ainfi la feule difficulté qu'il y ait, eft de favoir quand eft-ce qu'on pourra divifer par 2, 3, 5, &c.

On pourra dans cette recherche s'aider des principes fuivans.

94. Tout nombre qui finit par un chiffre pair eft divifible par 2.

Tout nombre dont la fomme dés chiffres ajoutés enfemble comme s'ils étoient des unités fimples, fera 3 ou un *multiple* de 3, c'eft-à-dire, un nombre exact de fois 3, fera divifible par 3. Par exemple, 54231 eft divifible par 3, parce que fes chiffres 5, 4, 2, 3, 1 font 15, qui eft 5 fois 3.

La même chofe a lieu pour le nombre 9 , fi les chiffres ajoutés enfemble font 9 , ou un multiple de 9.

Cette propriété du nombre 3 fe démontre comme celle du nombre 9 à très-peu de chofe près ; & l'un & l'autre fe démontrent comme on l'a fait à la preuve de 9 (75).

Tout nombre terminé par un 5 ou par un zéro , eft divifible par 5.

A l'égard du nombre 7 & des fuivans ; quoiqu'il foit facile de trouver de pareilles regles , comme l'examen qu'elles fuppofent eft auffi long que la divifion , il faudra effayer la divifion.

Propofons-nous , pour exemple , de réduire la fraction $\frac{2016}{5796}$. Je divife les deux termes par 2 , parce que les deux derniers chiffres de chacun font pairs , & j'ai $\frac{1008}{2898}$. Je divife encore par 2 & j'ai $\frac{504}{1449}$. Ce qui a été dit ci-deffus , m'apprend que je puis divifer par 3 ; je divife en effet & j'ai $\frac{168}{483}$; je divife encore par 3 , ce qui me donne $\frac{56}{161}$; enfin j'effaye de divifer par 7 ; la divifion réuffit & donne $\frac{8}{23}$.

La raifon pour laquelle nous prefcrivons de ne tenter la divifion que par les nombres premiers 2 , 3 , 5 , 7 , &c. c'eft qu'après avoir épuifé la divifion par 2 , par exemple, il eft inutile de tenter de divifer par 4 , puifque fi celle-ci pouvoit réuffir , à plus forte raifon la divifion par 2 auroit-elle pu encore fe faire.

95. De tous les moyens qu'on peut employer pour réduire une fraction à une expreffion plus fimple , le plus direct eft celui de divifer les deux termes par le plus grand divifeur commun , qu'ils puiffent avoir : voici la regle pour trouver ce plus grand divifeur.

Divifez le plus grand des deux termes par le plus petit ; s'il n'y a point de refte , c'eft le plus petit terme qui eft le plus grand divifeur commun.

S'il y a un refte divifez le plus petit terme par ce refte, & fi la divifion fe fait exactement , c'eft ce premier refte qui eft le plus grand divifeur commun.

Si cette feconde divifion donne un refte , divifez le premier refte par le fecond , & continuez toujours de divifer le refte précédent par le dernier refte jufqu'à ce que vous arriviez à une divifion exacte. Alors le dernier divifeur que vous aurez employé, fera le plus grand divifeur des deux termes de la fraction.

Si le dernier divifeur fe trouve être l'unité , c'eft une preuve que la fraction ne peut être réduite.

Prenons pour exemple la fraction $\frac{3760}{9024}$.

Je divife 9024 par 3760 ; j'ai pour quotient 2 , & pour refte 1504.

Je divife 3760 par 1504 ; j'ai pour quotient 2 , & pour refte 752.

Je divife le premier refte 1504 par le fecond refte 752 ; la divifion réuffit , & j'en conclus que 752 peut divifer les deux termes de la fraction $\frac{3760}{9024}$, & la réduire à fa plus fimple expreffion qu'on trouve , en faifart l'opération , être $\frac{5}{12}$.

En effet, on a trouvé que 752 divife 1504 ; il doit donc divifer 3760 qu'on a vu être compofé de deux fois 1504 & de 752 ; on voit de même , qu'il doit divifer 9024 , puifque 9024 eft compofé de deux fois 3760 , & de 1504.

On voit de plus que 752 eft le plus grand divifeur commun que puiffent avoir 3760 & 9024 ; car il ne peut y avoir de divifeur commun entre 9024 & 3760 qui ne le foit en même temps de 3760 & 1504 ; & entre ces deux-ci, il ne peut y en avoir un qui ne foit en même temps divifeur commun de 1504 & de 752 ; mais il eft évident qu'entre ces deux-ci, il ne peut y avoir de divifeur commun plus grand que 752 ; donc, &c.

Différentes manieres dont on peut envifager une fraction ; & conféquences qu'on peut en tirer.

96. L'idée que nous avons donnée jufqu'ici d'une fraction, eft que le dénominateur repréfente de combien de parties l'unité eft compofée ; & le numérateur, combien il y a de ces parties dans la quantité que la fraction exprime.

On peut encore envifager une fraction fous un autre point de vue : on peut confidérer le numérateur comme repréfentant une certaine quantité qui doit être divifée en autant de parties qu'il y a d'unités dans le dénominateur. Par exemple, dans $\frac{4}{5}$, on peut confidérer 4 comme repréfentant quatre chofes quelconques, 4 liv. par exemple, qu'il s'agit de partager en cinq parties ; car il eft évident que c'eft la même chofe de partager 4 liv. en cinq parties pour prendre une de ces parties, ou de partager une livre en cinq parties pour prendre 4 de ces parties.

97. On peut donc confidérer le numérateur d'une fraction comme un dividende, & le dénominateur comme un divifeur. On voit par-là, ce que fignifient les reftes de divifion mis fous la forme que nous leur avons donnée (60).

98. Il fuit delà 1°, qu'un entier peut toujours être mis fous la forme d'une fraction, en faifant de cet entier le numérateur, & lui donnant l'unité pour dénominateur ; ainfi 8 ou $\frac{8}{1}$ font la même chofe ; 5 ou $\frac{5}{1}$ font la même chofe.

99. 2° Que pour convertir une fraction quelconque en décimales, il n'y a qu'à confidérer le numérateur comme un refte de divifion où le dénominateur étoit divifeur, & opérer par conféquent, comme il a été dit (pag. 67), en obfervant de mettre d'abord un zéro au quotient pour tenir la place des unités ; c'eft ainfi qu'on trouvera que $\frac{3}{5}$ valent en décimales, o, 6, que $\frac{5}{9}$ valent o, 5 5 5, &c. que $\frac{1}{25}$ vaut o, o4, & ainfi de fuite.

C'eft ainfi qu'on peut réduire en décimales, tout nombre complexe propofé. Par exemple, s'il s'agit de réduire 3ᵗ 5ᵖ 8ᵖ 7ˡ en décimales de la toife, de maniere à ne pas négliger une demi-ligne : j'obferve que la toife contient 864 lignes, & par conféquent 1728 demi-lignes ; il faut donc pour ne pas négliger les demi-lignes, porter l'exactitude au-delà des milliemes ; c'eft-à-dire, jufqu'aux dix milliemes.

Cela pofé, je réduis les 5ᴾ 8ᴾ 7ˡ tout en lignes ; & j'ai 823 lignes ou $\frac{823}{864}$ de la toife : réduifant cette fraction en décimales, comme il vient d'être dit, on a 0,9525, & par conféquent 3ᵀ,9525, pour le nombre propofé.

Des opérations de l'Arithmétique fur les Fractions.

100. On fait fur les fractions les mêmes opérations que fur les nombres entiers. Les deux premieres opérations, l'addition & la fouftraction, exigent le plus fouvent une opération préparatoire ; les deux autres n'en exigent pas.

De l'addition des Fractions.

101. Si les fractions ont le même dénominateur, on ajoutera tous les numérateurs, & on donnera à la fomme, le dénominateur commun de ces fractions.

Ainsi pour ajouter $\frac{2}{7}$, $\frac{3}{7}$, $\frac{5}{7}$, j'ajoute les numérateurs 2, 3 & 5, & j'ai par conséquent $\frac{10}{7}$ que je réduis à $1\frac{3}{7}$ (85).

102. Si les fractions n'ont pas le même dénominateur, on commencera par les y réduire par ce qui a été enseigné (90) & (91); après quoi on ajoutera ces nouvelles fractions de la maniere qui vient d'être prescrite. Ainsi si l'on propose d'ajouter $\frac{3}{4}$, $\frac{2}{3}$, $\frac{4}{5}$, je change ces trois fractions en ces trois autres $\frac{45}{55}$, $\frac{40}{60}$, $\frac{18}{60}$, dont la somme est $\frac{133}{60}$ qui se réduit à $2\frac{13}{60}$ (85).

De la soustraction des Fractions.

103. Si les deux fractions proposées ont le même dénominateur, on retranchera le numérateur de l'une, du numérateur de l'autre, & on donnera au reste, le dénominateur commun de ces deux fractions. S'il est question de retrancher $\frac{5}{9}$ de $\frac{8}{9}$, le reste sera $\frac{3}{9}$, qui se réduit à $\frac{1}{3}$ (93).

104. Si de $9\frac{5}{8}$ on vouloit retrancher $4\frac{7}{8}$ comme on ne peut ôter $\frac{7}{8}$ de $\frac{5}{8}$, on emprunteroit sur 9 une unité, laquelle réduite en huitiemes & ajoutée à $\frac{5}{8}$, feroit $\frac{13}{8}$, desquels ôtant $\frac{7}{8}$, il resteroit $\frac{6}{8}$; ôtant ensuite 4 de 8 qui restent après l'emprunt,

il

il resteroit en tout $4\frac{4}{3}$ ou $4\frac{3}{4}$.

105. Si les fractions n'ont pas le même dénominateur, on les y réduira (90) & (91), après quoi on fera la soustraction comme il vient d'être dit. Ainsi pour ôter $\frac{2}{3}$ de $\frac{2}{4}$, je change ces fractions en $\frac{8}{12}$ & $\frac{9}{12}$; & retranchant 8 de 9, il me reste $\frac{1}{12}$.

De la multiplication des Fractions.

106. *Pour multiplier une fraction par une fraction, il faut multiplier le numérateur de l'une par le numérateur de l'autre, & le dénominateur par le dénominateur.* Par exemple, pour multiplier $\frac{2}{3}$ par $\frac{4}{5}$, on multipliera 2 par 4, ce qui donnera 8 pour numérateur; multipliant pareillement 3 par 5, on aura 15 pour dénominateur, & par conséquent $\frac{8}{15}$ pour le produit.

Pour sentir la raison de cette regle, il faut se rappeller que multiplier un nombre par un autre, c'est prendre le multiplicande autant de fois que le multiplicateur contient d'unités. Ainsi multiplier $\frac{2}{3}$ par $\frac{4}{5}$, c'est prendre $\frac{4}{5}$ de fois la fraction $\frac{2}{3}$, ou, plus exactement, c'est prendre 4 fois la cinquieme partie de $\frac{2}{3}$: or en multipliant le dénominateur 3 par 5, on change les tiers

Arithmétique. G

en quinziemes, c'eſt-à-dire, en parties cinq fois plus petites ; & en multipliant le numérateur 2 par 4, on prend ces nouvelles parties quatre fois ; on prend donc quatre fois la cinquieme partie de $\frac{2}{3}$: on multiplie donc en effet $\frac{2}{3}$ par $\frac{4}{5}$.

107. Si l'on avoit un entier à multiplier par une fraction, ou une fraction à multiplier par un entier, on mettroit l'entier ſous la forme de fraction, en lui donnant l'unité pour dénominateur ; par exemple, ſi j'ai 9 à multiplier par $\frac{4}{7}$, cela ſe réduit à multiplier $\frac{9}{1}$ par $\frac{4}{7}$, ce qui, ſelon la regle qu'on vient de donner, produit $\frac{36}{7}$ qui ſe réduiſent à $5\frac{1}{7}$.

On voit donc que pour multiplier une fraction par un entier, ou un entier par une fraction, l'opération ſe réduit à multiplier le numérateur de cette fraction, par l'entier.

108. S'il y avoit des entiers joints aux fractions, il faudroit, avant de faire la multiplication, réduire ces entiers chacun en fraction de même eſpece que celle qui l'accompagne ; par exemple, ſi l'on a $12\frac{3}{5}$ à multiplier par $9\frac{3}{4}$, je change (86) le multiplicande en $\frac{63}{5}$, & le multiplicateur en $\frac{39}{4}$; & je multiplie $\frac{63}{5}$ par $\frac{39}{4}$, ſelon

la regle ci-deſſus (106), ce qui me donne $\frac{2417}{20}$ qui valent $122 \frac{17}{20}$.

Diviſion des Fractions.

109. *Pour diviſer une fraction par une fraction, il faut renverſer les deux termes de la fraction qui ſert de diviſeur, & multiplier la fraction dividende, par cette fraction ainſi renverſée.*

Par exemple, pour diviſer $\frac{4}{5}$ par $\frac{2}{3}$, je renverſe la fraction $\frac{2}{3}$, ce qui me donne $\frac{3}{2}$, je multiplie $\frac{4}{5}$ par $\frac{3}{2}$, ſelon la regle donnée (106), & j'ai $\frac{12}{10}$ ou $1 \frac{2}{10}$ pour le quotient de $\frac{4}{5}$ diviſé par $\frac{2}{3}$.

Pour appercevoir la raiſon de cette regle, il faut obſerver que diviſer $\frac{4}{5}$ par $\frac{2}{3}$, c'eſt chercher combien de fois $\frac{4}{5}$ contiennent $\frac{2}{3}$; or il eſt facile de voir que, puiſque le diviſeur eſt 2 tiers, il ſera contenu dans le dividende trois fois autant que s'il étoit 2 entiers ; donc il faut diviſer d'abord par 2 & multiplier enſuite par 3, ce qui n'eſt autre choſe que prendre trois fois la moitié du dividende, ou le multiplier par $\frac{3}{2}$ qui eſt la fraction diviſeur renverſée.

110. Si l'on avoit une fraction à diviſer par un entier, ou un entier à diviſer

par une fraction, on commenceroit par
mettre l'entier fous la forme de fraction,
en lui donnant l'unité pour dénominateur :
par exemple, fi l'on a 12 à divifer par $\frac{5}{7}$,
on réduira l'opération à divifer $\frac{12}{1}$ par $\frac{5}{7}$, ce
qui, felon la regle qu'on vient de donner,
fe réduit à multiplier $\frac{12}{1}$ par $\frac{7}{5}$, & donne $\frac{84}{5}$
ou $16\frac{4}{5}$. Pareillement, fi l'on avoit $\frac{3}{4}$ à divifer par 5, on réduiroit l'opération à di-
vifer $\frac{3}{4}$ par $\frac{5}{1}$, c'eft-à-dire, à multiplier $\frac{3}{4}$
par $\frac{1}{5}$, ce qui donne $\frac{3}{20}$.

On voit donc que lorfqu'on a une fraction à divifer par un entier, l'opération fe
réduit à multiplier le dénominateur, par
cet entier.

I I I. S'il y avoit des entiers, joints
aux fractions, on réduiroit ces entiers chacun en fraction de même efpece que celle
qui l'accompagne : par exemple, fi l'on
avoit $54\frac{3}{5}$ à divifer par $12\frac{2}{3}$, on changeroit le dividende en $\frac{273}{5}$, & le divifeur
en $\frac{38}{3}$, & l'opération feroit réduite à divifer $\frac{273}{5}$ par $\frac{38}{3}$, c'eft-à-dire, (109) à multiplier $\frac{273}{5}$ par $\frac{3}{38}$, ce qui donneroit $\frac{819}{190}$
ou $4\frac{59}{190}$.

Quelques applications des Regles précédentes.

112. Après ce que nous avons dit (96), il est aisé de voir comment on peut évaluer une fraction. Qu'on demande, par exemple, ce que valent les $\frac{1}{7}$ d'une livre. Puisque les $\frac{5}{7}$ d'une livre font la même chose (96) que le septieme de 5 livres, je réduis les 5 livres en fols (57), & je divise les 100 fols qu'elles me donnent, par 7, ce qui me donne 14 fols pour quotient & 2 fols de reste; je réduis ces 2 fols en deniers, & je divise 24 deniers par 7, j'ai 3 deniers $\frac{3}{7}$, ainsi les $\frac{5}{7}$ d'une livre, font 14 fols 3 deniers & $\frac{3}{7}$ de denier.

Si l'on demandoit les $\frac{5}{7}$ de 24 liv. il est visible qu'on pourroit d'abord prendre, comme nous venons de le faire, les $\frac{5}{7}$ d'une livre; & multiplier ensuite par 24, ce qu'auroit donné cette opération; mais il est plus commode de multiplier d'abord $\frac{5}{7}$ par 24 liv. ce qui (197) donne $\frac{120}{7}$ liv. & d'évaluer ensuite cette derniere fraction qu'on trouvera valoir 17 liv. 2 fols 10 deniers $\frac{2}{7}$.

113. Les fractions décimales n'ayant point de dénominateur, font encore plus

faciles à évaluer : si l'on demande , par exemple , combien valent 0 , 532 de toise ; comme la toise est de 6 pieds , je multiplierai 0 , 532 par 6 , ce qui me donnera 3 , 192 pieds ; c'est-à-dire , 3P & 0 , 192 de pied ; multipliant cette derniere fraction par 12 pour évaluer en pouces , on aura 2,304 pouces , c'est-à-dire , 2P & 0 , 304 de pouce ; enfin multipliant celle-ci par 12 pour réduire en lignes , on aura 3 , 648 lignes , ou 3^l & 0 , 648 de ligne ; c'est-à-dire, que la valeur de la fraction 0 , 532 de toise , sera 3^P 2^{pl} 3^l & 0 , 648 de ligne.

114. L'évaluation des fractions nous conduit naturellement à parler des *fractions* de *fractions* : on appelle ainsi une suite de fractions séparées les unes des autres par l'article *de* ; par exemple , $\frac{2}{3}$ *de* $\frac{3}{4}$; $\frac{2}{3}$ *de* $\frac{3}{4}$ *de* $\frac{5}{6}$, &c. font des fractions de fractions. On les réduit à une seule fraction , en multipliant tous les numérateurs entr'eux , & tous les dénominateurs entr'eux : enforte que la fraction $\frac{2}{3}$ *de* $\frac{3}{4}$ se réduit à $\frac{6}{12}$ ou $\frac{1}{2}$; la fraction $\frac{2}{3}$ *de* $\frac{3}{4}$ *de* $\frac{5}{6}$ se réduit à $\frac{30}{72}$ ou $\frac{5}{12}$.

En effet , il est facile de voir que prendre les $\frac{2}{3}$ *de* $\frac{3}{4}$ n'est autre chose que multiplier $\frac{3}{4}$ par $\frac{2}{3}$, puifque c'est prendre $\frac{2}{3}$ de fois la fraction $\frac{3}{4}$. Pareillement prendre les $\frac{2}{3}$ *des* $\frac{3}{4}$ *de* $\frac{5}{6}$, revient à prendre les $\frac{6}{12}$ *de* $\frac{5}{6}$, puisque $\frac{2}{3}$ *de* $\frac{3}{4}$ reviennent à $\frac{6}{12}$; & ce qu'on vient de dire, fait connoître que les $\frac{6}{12}$ *de* $\frac{5}{6}$ reviennent à $\frac{30}{72}$ ou $\frac{5}{12}$.

Si l'on demandoit les $\frac{3}{4}$ *de* $5\frac{3}{8}$, on convertiroit l'entier 5 en huitiemes, & la question feroit réduite à évaluer la fraction de fraction $\frac{3}{4}$ *de* $\frac{43}{8}$ qu'on trouveroit être $\frac{129}{32}$ ou $4\frac{1}{32}$.

Ajoutons à tout ce que nous avons dit fur les fractions, un exemple qui renferme plufieurs des regles que nous avons établies.

Suppofons qu'on veut conftruire un vaiffeau de 140 pieds $\frac{2}{3}$ de longueur; que les diftances entre les fabords, en y comprenant l'efpace entre le premier fabord & la rablure de l'étrave, & l'efpace entre le dernier fabord & la rablure de l'étambot, faffent $108\frac{3}{4}$ pieds : on demande fi l'on peut percer 12 fabords à la premiere batterie de chaque bord.

De 140 pieds $\frac{2}{3}$, je retranche $108\frac{3}{4}$ (103 & *fuiv.*) il me refte $31\frac{11}{12}$ pour les fabords; je divife $31\frac{11}{12}$ par 12, c'eft-à-dire, $\frac{383}{12}$ par $\frac{12}{1}$ (86) & (110), j'ai pour quotient $\frac{383}{144}$ de pied, qui valent 2 pieds & $\frac{95}{144}$, fraction qui évaluée en pouces & lignes, vaut 7

G 4

pouces 11 lignes ; ainfi il faudroit donner à chaque fabord 2 pieds 7 pouces 11 lignes, c'eft-à-dire, 2 pieds 8 pouces à peu-près, ce qui eft une mefure convenable pour un vaiffeau de 140 pieds $\frac{2}{3}$.

115. Lorfqu'une fraction exprimée par des nombres un peu confidérables, n'eft pas réductible par la méthode donnée (95), & qu'on peut fe contenter d'en avoir une valeur approchée, on peut y parvenir par la méthode fuivante qui donne alternativement des fractions plus grandes & plus petites que la propofée, mais toujours de plus en plus approchées, enforte qu'à la derniere opération, on retombe fur la fraction propofée. Prenons, par exemple, la fraction $\frac{10000}{31415}$, qui, comme on le verra en Géométrie, exprime le rapport très-approché du diametre à la circonférence ; & propofons-nous d'exprimer cette fraction par d'autres fractions moins exactes, à la vérité, mais exprimées par des nombres plus fimples.

Divifez le numérateur & le dénominateur, par le numérateur ; vous aurez $\dfrac{1}{3\frac{1415}{10000}}$ Pour avoir une premiere valeur approchée, négligez la fraction qui accompagne 3, & vous aurez $\frac{1}{3}$ pour premiere valeur approchée, mais un peu trop forte.

Pour avoir une valeur plus approchée, divifez le numérateur & le dénominateur de la fraction qui accompagne 3, chacun par le numérateur de cette fraction, & vous aurez $\dfrac{1}{3-\dfrac{1}{7\frac{222}{1415}}}$; négligez la fraction qui accompagne 7, & vous aurez $\dfrac{1}{3\frac{1}{7}}$, ou (86) $\dfrac{1}{\frac{22}{7}}$, ou (109) $\frac{7}{22}$ pour feconde valeur, qui eft plus approchée que la premiere, mais un peu trop foible.

Pour avoir une valeur encore plus approchée, divifez le numérateur & le dénominateur de la fraction qui accompagne 7, chacun par le numérateur de cette fraction ;

vous aurez $\cfrac{1}{3-\cfrac{1}{7-\cfrac{1}{15\frac{854}{887}}}}$: supprimez la fraction qui accompa-

gne 15, & vous aurez $\cfrac{1}{3-\cfrac{1}{7-\cfrac{1}{15}}}$ qui revient à $\frac{106}{333}$, valeur

plus approchée, mais un peu trop forte.

Pour avoir une valeur encore plus approchée, divifez les deux termes de la fraction qui accompagne 15, chacun par le numérateur 854, & vous aurez $\cfrac{1}{3-\cfrac{1}{7-\cfrac{1}{15\frac{1}{1-\frac{33}{854}}}}}$; négligeant la

fraction $\frac{33}{854}$, vous aurez pour valeur plus approchée, $\frac{113}{355}$; mais qui eft un peu trop foible. On voit à préfent comment on peut continuer.

Des Nombres complexes.

116. Quoique les regles que nous avons expofées jufqu'ici, puiffent fervir auffi à calculer les nombres complexes, nous croyons cependant devoir confidérer ceux-ci d'une maniere plus particuliere, parce que la divifion qu'on y fait de l'unité principale, en facilite fouvent le calcul.

Il y a plufieurs fortes de nombres com-plexes, & les regles pour les calculer tien-nent beaucoup à la divifion qu'on a faite de l'unité : cependant il n'eft pas néceffaire d'examiner toutes ces efpeces pour être en état de les calculer ; mais il importe de favoir quels rapports leurs différentes parties ont tant entr'elles, qu'à l'égard de l'unité principale ; c'eft par cette raifon que nous donnons ici une Table des nombres complexes dont l'ufage eft le plus fréquent.

TABLE des unités de quelques efpeces, & caracteres par lefquels on repréfente ces différentes unités.

POUR LES MONNOIES.

₶ fignifie ......livre	1 livre vaut ....20 fols
ſ............fol	1 fol vaut......12 deniers

POUR LES POIDS.

℔ fignifie......livre	1 livre (poids) vaut 2 mars
M ....marc	1 marc ....8 onces
O ou ℥........once	1 once ....8 gros
G ou ℨ ....gros	1 gros 3 deniers ou fcrupules
D ou ℈. denier ou fcrupule.	1 denier ......24 grains
...........grain	

POUR L'ÉTENDUE DES LIGNES.

T fignifie ......toife	1 toife vaut.....6 pieds
P ....pied	1 pied........12 pouces
p............pouce	1 pouce ......12 lignes
l............ligne	1 ligne ......12 points
pt...........point	

POUR LE TEMS.

J fignifie ......jour	1 jour vaut....24 heures
H............heure	1 heure ......60 minutes
'............minute	1 minute......60 fecondes
''............feconde	1 feconde .....60 tierces

Nous donnerons en Géométrie les divisions des mesures relatives aux superficies & aux capacités des Corps.

Addition des Nombres complexes.

117. Pour faire cette opération, on écrit tous les nombres proposés, les uns au-dessous des autres, de maniere que toutes les parties d'une même espece se trouvent chacune dans une même colonne verticale, & après avoir souligné le tout, on commence l'addition par les parties de l'espece la plus petite; si leur somme ne compose pas une unité de l'espece immédiatement supérieure, on l'écrit sous les unités de son espece; si elle renferme assez de parties pour composer une ou plusieurs unités de l'espece immédiatement supérieure, on n'écrit, au-dessous de cette colonne, que l'excédent d'un nombre juste d'unités de cette seconde espece, & on retient celles-ci pour les ajouter avec leurs semblables sur lesquelles on procede de la même maniere.

EXEMPLE I.

On propose d'ajouter.. 227^{tt} 14^{s} 8^{d}
2549 18 5
184 11 11
17 10 7

2979^{tt} 15^{s} 7^{d}

La fomme des deniers eſt 31 qui ren-ferme 2 douzaines de deniers ou 2 ſols & 7 deniers ; je poſe les 7 deniers, & je retiens 2 ſols que j'ajoute avec les unités de ſols, ce qui donne 15 ſols, dont je poſe ſeulement le chiffre 5, & je retiens la dixaine pour l'ajouter aux dixaines, ce qui me donne 5 ; & comme il faut 2 dixaines de ſols pour faire une livre, je prends la moitié de 5 qui eſt 2 avec 1 pour reſte ; je poſe ce reſte, & je porte les 2 livres à la colonne des livres que j'ajoute comme à l'ordinaire.

EXEMPLE II.

On propoſe d'ajouter

	54^T	2^P	3^P	9^l
	12	5	4	11
	9	4	11	11
	8	2	9	10
	85^T	3^P	6^P	5^l

La ſomme des lignes monte à 41 qui font 3 pouces 5 lignes ; je poſe 5 lignes, & je retiens les 3 pouces que j'ajoute avec les pouces ; le tout me donne 30 qui va-lent 2 pieds 6 pouces, je poſe les 6 pou-ces, & je retiens les 2 pieds, qui, ajoutés avec les pieds, me donnent 15 pieds qui valent 2^T 3^P ; je pose les 3^P & j'ajoute les deux toises avec les toises ; le tout monte à 85 , ensorte que la somme est 85^T 3^P 5^P 5^l 6^{pts}.

Soustraction des Nombres complexes.

118. Ecrivez les nombres proposés, comme dans l'addition, & commencez la soustraction par les unités de l'espece la plus basse. Si le nombre inférieur peut être retranché du nombre supérieur , écrivez le reste au-dessous. S'il ne peut en être retranché , empruntez sur l'espece immédiatement supérieure , une unité que vous réduirez à l'espece dont il s'agit , & que vous ajouterez au nombre dont vous ne pouvez retrancher. Faites la même chose pour chaque espece ; & lorsque vous aurez été obligé d'emprunter , diminuez d'une unité le nombre sur lequel vous avez fait cet emprunt. Enfin , écrivez chaque reste , à mesure que vous le trouverez , au-dessous du nombre qui l'a donné.

E x e m p l e I.

De . . . . 143^{lt} 17^f 6^d
on veut ôter. . . .   75^{lt} 12^f 9^d
_____

              68^{lt} 4^f 9^d reste

Ne pouvant ôter 9^d de 6^d , j'emprunte 1^f
qui vaut 12^d , & 6 font 18 , desquels ôtant
9 , il reste 9 ; j'ôte ensuite 12 , non pas
de 17 , mais de 16 qui restent après l'emprunt , & il reste 4 ; enfin je retranche
75 liv. de 143 liv. & il me reste 68 liv.

E x e m p l e I I.

De . . . . 163^{lt} 0^f 5^d
on veut ôter . . . 84^{lt} 18^f 9^d
_____

              78^{lt} 1^f 8^d reste

Comme je ne puis ôter 9^d de 5^d , &
que d'ailleurs il n'y a pas de sols sur lesquels
je puisse emprunter, j'emprunte 1 liv. sur
163 liv. mais j'en laisse, par la pensée ,
19 sols à la place du zéro , après quoi
j'opere comme ci-dessus.

Multiplication des Nombres complexes.

119. On peut réduire généralement

la multiplication des nombres complexes, à la multiplication d'une fraction par une fraction, multiplication dont nous avons donné la regle (106). Par exemple, si l'on demande ce que doivent coûter 54^T 3^P d'ouvrage, à raison de 42 livres 17 fols 8 den. la toife, on peut réduire le multiplicande 42 liv. 17 fols 8 den. tout en den. (57); ce qui donnera 10292 den. & comme le denier eft la 240e partie de la livre, le multiplicande peut être repréfenté par $\frac{10292}{240}$ de la livre; pareillement on réduira le multiplicateur 54^T 3^P tout en pieds, ce qui donnera 327^P; & comme le pied eft la fixieme partie de la toife, on aura pour multiplicateur $\frac{327}{6}$ de toife, enforte que la queftion eft réduire à multiplier $\frac{10292}{240}$ de livre, par $\frac{327}{6}$, ce qui (106) donnera $\frac{3365484}{1440}$ de livre, qui (112) valent 2337 liv. 2 fols 10 deniers.

Cette méthode s'étend à toute efpece de nombres complexes, mais elle exige plus de calcul que celle que nous allons expofer; c'eft pourquoi nous ne nous y arrêterons pas davantage.

120. Un nombre qui eft contenu exactément dans un autre, eft dit partie *aliquote* de cet autre : ainfi 3 eft partie aliquote

de 12 ; il en eſt de même de 2 ; de 4 & de 6.

Rappellons-nous que multiplier n'étant autre choſe que prendre le multiplicande un certain nombre de fois ; multiplier par $8\frac{3}{4}$, par exemple, c'eſt prendre le multiplicande 8 fois, & le prendre encore $\frac{3}{4}$ de fois , ou en prendre les $\frac{3}{4}$. Or on peut prendre ces $\frac{3}{4}$, ou en prenant d'abord le quart , & l'écrivant 3 fois , ou bien en prenant d'abord la moitié , & enſuite la moitié de cette moitié : ainſi pour multiplier 84 par $8\frac{1}{4}$,

j'écrirois 84

$8\frac{3}{4}$

672

42

21

---

735 produit.

En multipliant 84 par 8 , j'aurois d'abord 672. Enſuite pour prendre les $\frac{3}{4}$ de 84, je prendrois d'abord la moitié qui eſt 42 ; puis pour prendre pour le quart reſtant , je prendrois la moitié de 42 qui eſt 21 , & réuniſſant ces trois produits particuliers , j'aurois 735 pour le produit total.

121. Pour appliquer ceci aux nombres complexes,

complexes, il faut remarquer que les différentes efpèces d'unités au - deffous de l'unité principale, font des fractions les unes à l'égard des autres, & à l'égard de cette unité principale ; que par conféquent pour multiplier facilement par ces fortes de nombres, il faut faire enforte de les décompofer en parties aliquotes de l'unité principale, de maniere que ces parties aliquotes puiffent être employées commodément ; ou de les décompofer en parties aliquotes les unes des autres ; & fi cette décompofition ne fournit que des parties aliquotes qui ne foient pas commodes dans le calcul, on y fuppléra par de faux produits ; c'eft ce que nous allons déveloper dans les exemples fuivants.

EXEMPLE I.

On demande combien doivent coûter 54T 3P à raifon de 72 liv. la toife.

Il faut multiplier ... 72^{tt}

par .... $54^T \, 3^P$

288^{tt} o^f o^d

360

36

3924^{tt} o^f o^d

On multipliera d'abord , felon les regles ordinaires 72 liv. par 54. Enfuite pour multiplier par 3ᴾ qui font la moitié de la toife , & qui par conféquent ne doivent donner que la moitié du prix de la toife , on prendra la moitié de 72 liv. & additionnant , on aura 3924ᵗᵗ pour produit total.

E X E M P L E I I.

Si on avoit 72ᵗᵗ

à multiplier par 54ᵀ 5ᴾ

290 288ᵗᵗ cˡ 0ᵈ

360

36

24

3948ᵗᵗ 0ˡ 0ᵈ

On multipliera d'abord 72 liv. par 54. Enfuite au lieu de multiplier par $\frac{5}{6}$, parce que 5 pieds font les $\frac{5}{6}$ de la toife , on décompofera 5ᴾ , en 3ᴾ & 2ᴾ , dont le premier eft la moitié , & le fecond le $\frac{1}{3}$ de la toife ; on prendra donc d'abord la moitié de 72 liv. & enfuite le $\frac{1}{3}$ de 72 liv. & on aura , en réuniffant tous ces produits particuliers, 3948 liv. pour produit total.

EXEMPLE III.

Que l'on ait . . . . 72^{tt}

à multiplier par . . . . . . 5^{T} 4^{P} 8^{P}

360^{tt} 0^{f} 0^{d}

36

12

4

4

416^{tt} 0^{f} 0^{d}

Après avoir multiplié par 5^{T} on multipliera par 4^{P}, & pour cet effet on décomposera ce nombre en 3^{P} & 1^{P}; pour 3^{P} on prendra la moitié de 72 l. qui est 36 l. & pour un pied, on remarquera que c'est le $\frac{1}{3}$ de 3 pieds, & par conséquent on prendra le $\frac{1}{3}$ de 36 liv. qui est 12 liv. Ensuite pour multiplier par 8 pouces, au lieu de comparer ces 8 pouces à la toise, on les comparera au pied, & on les décomposera en 4 pouces, & 4 pouces qui font chacun le $\frac{1}{3}$ du pied, & qui par conséquent donneront chacun le $\frac{1}{3}$ de 12 liv. Enfin réunissant, on aura 416 liv. 0^{f} 0^{d} pour produit.

122. Si le multiplicande est aussi un nombre complexe, on se conduira comme

il va être expliqué dans l'exemple fuivant⌐

E X E M P L E I V.

Si l'on a . . .   72ᵗᵗ   6ˢ   6ᵈ
à multiplier par   27T   4ᴾ   8ᴾ

504ᵗᵗ	0ˢ	0ᵈ
144		
6	15	0
1	7	0
0	13	6
36	3	3
12	1	1
4	0	$4\frac{1}{3}$
4	0	$4\frac{1}{3}$

2009ᵗᵗ   0ˢ $6ᵈ\frac{2}{3}$

On multipliera d'abord 72 liv. par 27.
Enfuite pour multiplier 6 fols par 27, on
décompofera ces 6 fols en 5 fols & 1 fol.
Les 5 fols faifant le quart de la livre,
doivent, étant multipliés par 27 ; donner
27 fois le quart de la livre, ou le quart
de 27 liv. on prendra donc le quart de
27 liv. qui eft 6 liv. 15 fols. Pour multiplier 1 fol par 27, on remarquera qu'un
fol eft la cinquieme partie de 5 qu'on vient
de multiplier, ainfi on prendra le cinquieme des 6 liv. 15 fols, qui fera 1 livre
7 fols.

A l'égard des 6 deniers, on fera attention qu'ils font la moitié d'un fol, & par conféquent on prendra la moitié de 1 liv. 7 fols qu'on a eu pour un fol.

Jufques-là tout le multiplicande eft multiplié par 27.

Pour multiplier par 4 pieds, on s'y prendra de la même maniere que dans l'exemple précédent, c'eft-à-dire, que pour les 4P, on prendra d'abord pour 3P, la moitié 36 liv. 3 fols 3 den. du multiplicande, & pour 1P le tiers de ce que donnent les 3P.

Enfin pour 8P, on prendra 2 fois pour 4, c'eft-à-dire, qu'on écrira 2 fois le tiers de ce qu'on vient d'avoir pour 1P; en réuniffant toutes ces différentes parties, on aura 2009 liv. of 6 den. $\frac{2}{3}$ pour produit total.

123. Jufqu'ici les parties du multiplicande qu'il a fallu prendre, ont été affez faciles à évaluer, mais dans les cas où ces parties feroient plus compofées, on fe conduiroit comme dans l'exemple fuivant.

E X E M P L E V.

A raifon de . . . . 34^{tt} 10^f 2^d la toife,
combien doivent coûter 17^T

1 3 8^{tt}	0^f	0^d
34		
8	10	
0	17	
0	2	10
586^{tt}	12^f	10^d

Après avoir multiplié 34 liv. par 17 ;
& enfuite les 10 fols par 17 en prenant
moitié de 17 , on multipliera 2 deniers
qui font la fixieme partie d'un fol , & par
conféquent la fixieme partie de la dixieme
partie ou (114) la 60e partie de 10 fols ,
mais au lieu de prendre la 60e partie de
8 liv. 10 fols , il fera plus commode de
faire un faux produit , & de prendre d'a-
bord le dixieme de ce qu'ont donné
10 fols , c'eft-à-dire , le dixieme de 8 liv.
10 fols ; ce dixieme qui eft 0 liv. 17 fols ,
eft pour un fol ; mais comme il ne faut
que pour le fixieme d'un fol , on barrera
ce faux produit , & on en écrira le fixieme
au deffous.

EXEMPLE VI.

Combien pour 34 liv. 10 fols 2 deniers fera-t-on faire d'ouvrage, à raifon de 1 liv. pour 17 toifes ?

Il faut multiplier 17 toifes par 34 liv. 10 fols 2 deniers, c'eft-à-dire, prendre 17 toifes autant de fois que la livre eft contenue dans 34 liv. 10 fols 2 deniers.

$$17^{T}$$
$$34^{tt} \ 10^{f} \ 2^{d}$$
$$\overline{}$$
$$68^{T} \quad 0^{P} \quad 0^{P} \quad 0^{l} \quad 0^{Pts.}$$
$$5 \ 1$$
$$8 \qquad 3$$
$$0 \quad 5 \quad 1 \quad 2 \quad 4\frac{4}{8}$$
$$0 \quad 0 \quad 10 \quad 2 \quad 4 \qquad \frac{4}{5}$$
$$\overline{}$$
$$586^{T} \ 3^{P} \ 10^{P} \ 2^{l} \ 4^{Pts.} \frac{4}{5}$$

Ainfi on multipliera d'abord 17 toifes par 34 ; enfuite pour multiplier 17 toifes par 10 fols, on prendra la moitié de 17 toifes, parce que 10 fols font la moitié de la livre, & on aura 8 toifes 3 pieds. Pour multiplier par deux deniers, on cherchera, pour plus de facilité, ce que donneroit 1 fol, en prenant le dixieme de

H 4

ce qu'ont donné 10 fols ; ce dixieme eft o toifes 5 pieds 1 pouce 2 lignes 4 points & $\frac{8}{10}$ ou $\frac{4}{5}$ de point ; on le barrera comme ne devant pas faire partie du produit, mais on en prendra le fixieme pour avoir le produit de 2 deniers, & on écrira au-deſſous ce fixieme qui eft o toifes, o pieds 10 pouces 2 lignes 4 points & $\frac{14}{50}$ ou $\frac{4}{5}$.

Nous avons donné cet exemple, principalement, pour confirmer ce que nous avons dit (45), qu'il importoit de diftinguer le multiplicande du multiplicateur, lorſqu'ils font tous les deux concrets : en effet, dans l'exemple précédent, ainſi que dans celui-ci, les facteurs du produit font également 17 toifes & 34 liv. 10 fols 2 deniers ; cependant les deux produits font différents.

Diviſion d'un Nombre complexe par un Nombre incomplexe.

124. Si le dividende feul eft complexe, & ſi en même temps le dividende & le diviſeur ont des unités de différente eſpece, on diviſera d'abord les unités principales du dividende, felon la regle ordinaire ; ce qui reftera de cette diviſion,

on le réduira (57) en unités de la seconde
espece, qu'on ajoutera avec celles de même
espece, qui se trouveront dans le dividende,
& on divisera le tout comme à l'ordinaire :
on réduira pareillement le reste de cette
division en unités de la troisieme espece ,
auxquelles on ajoutera celles de la même
espece qui se trouveront dans le dividende ,
& on divisera le tout comme ci-dessus ; on
continuera de réduire les restes , en unités
de l'espece suivante , tant qu'il s'en trouvera
d'inférieures dans le dividende.

EXEMPLE.

On a donné 4783 liv. 3 sols 9 den. pour
paiement de 87 toises d'ouvrage ; on demande à combien cela revient la toise ?

$$
\begin{array}{r|l}
4783^{\text{tt}} \;\; 3^{\text{f}} \; 9^{\text{d}} & 87 \\ \hline
433 & 54 \;\; 19^{\text{f}} \; 7^{\text{d}} \\
85 & \\ \hline
1703^{\text{f}} & \\
833 & \\
50 & \\ \hline
609^{\text{d}} & \\
000 &
\end{array}
$$

Il faut divifer 4783 liv. 3 fols 9 deniers par 87, en commençant par les livres.

Les 4783 liv. divifées par 87, felon la regle ordinaire, donneront 54 livres pour quotient, & 85 liv. pour refte : ces 85 liv. réduites en fols (57) donneront avec les 3 fols du dividende 1703 fols, qui divifés par 87, donneront 19 fols pour quotient, & 50 fols pour refte : ces 50 fols réduits en deniers, donnent avec les 9 deniers du dividende, 609 deniers, lefquels divifés par 87, donnent enfin 7 deniers pour quotient.

125. Mais fi le dividende & le divifeur ont des unités de même efpèce, il faut, avant de faire la divifion, examiner fi le quotient doit être ou ne pas être de même efpèce qu'eux ; ce que l'état de la queftion décide toujours.

126. Dans le cas où le dividende & le divifeur étant de même efpece, le quotient devra auffi être de même efpece qu'eux, la divifion fe fera précifément comme dans le cas précédent ; par exemple, fi l'on propofoit cette queftion, 1243 livres ont produit un bénéfice de 7254 livres, à combien cela revient-il par livre ? il eft évident que le quotient doit avoir des

unités de même espece que le dividende & le diviseur, c'est-à-dire, doit être des livres, & qu'on doit diviser 7254 livres par 1243, en réduisant comme dans l'exemple précédent, le reste de cette division en sols, & le second reste en deniers; & on trouvera 5 liv. 16 sols 8 den. $\frac{760}{1243}$, pour réponse à la question.

127. Mais lorsque le dividende & le diviseur étant de même espece, le quotient devra être d'espece différente; alors il faudra commencer par réduire (57) le dividende & le diviseur, chacun à la plus petite espece qui soit dans le dividende, après quoi on fera la division comme dans le cas précédent, & on y traitera les unités du dividende, comme si elles étoient de même espece que celles que doit avoir le quotient : par exemple, si l'on proposoit cette question, combien pour 7954 livres 11 sols 7 den. fera-t-on faire d'ouvrage à raison de 72 liv. la toise? Il est clair, par la nature de la question, que le quotient doit être des toises & parties de toise. On réduira donc 7954 liv. 11 sols 7 den. tout en deniers, ce qui donnera 1909099 : on réduira pareillement 72 livres en deniers, & on aura 17280;

on divisera 1909099 considéré comme des toises , par 17280 , & on aura pour quotient 110^T 2^P 10^P 6^l $\frac{10}{20}$.

Division d'un Nombre complexe par un Nombre complexe.

128. Lorsque le diviseur est aussi un nombre complexe , il faut le réduire à sa plus petite espece (57) , multiplier le dividende par le nombre qui exprime combien il faut de parties de la plus petite espece du diviseur pour composer l'unité principale de ce même diviseur ; alors la division sera réduite au cas précédent où le diviseur étoit incomplexe.

EXEMPLE.

57^T 5^P d'ouvrage ont été payées 854^{li} 17^f 11^d : on demande à combien cela revient la toise ? Il faut diviser 854 liv. 17^f 11^d par 57^T 5^P 5^P ; & pour cet effet , je réduis les 57^T 5^P 5^P , en pouces , ce qui me donne 4169 pour nouveau diviseur ; & comme il faut 72^P pour faire la toise , qui est l'unité principale du diviseur , je multiplie le dividende proposé 854 liv. 17 sols 11 den. par 72 (121), ce qui me donne

61552 liv. 10 fols pour nouveau dividende, enforte que je divife comme il fuit.

$$61552^{tt} \ 10 \ | \ 4169$$
$$19862$$
$$3186$$
$$\overline{63730^{f}}$$
$$22040$$
$$1195$$
$$\overline{14340}$$
$$1833$$

Quotient : $14^{tt} \ 15^{f} \ 3^{d} \frac{1833}{4169}$

Les 61552 liv. divifées par 4169 donnent 14 liv. pour quotient, & 3186 pour refte. Ces 3186 liv. réduites en fols, donnent avec les 10 fols du dividende, 63730 fols, qui divifés par 4169 donnent 15 fols pour quotient, & 1195 fols de refte. Ces 1195 fols réduits en deniers valent 14340 deniers, lefquels divifés par 4169 donnent 3 deniers pour quotient, & 1833 deniers pour refte ; enforte que le quotient eft 14 liv. 15 fols 3 den. $\frac{1833}{4169}$ de denier.

Pour entendre la raifon de cette regle, il faut faire attention que les $57^{T} \ 5^{P} \ 5^{P}$ valant 4169^{P}, & le pouce étant la foixante-douzieme partie de la toife, le divifeur est $\frac{4169}{72}$ de la toise ; or , pour diviser par une fraction , il faut (109) renverser la fraction diviseur , & multiplier ensuite par cette fraction ainsi renversée ; il faut donc ici multiplier par $\frac{72}{4169}$; ce qui revient à multiplier d'abord par 72 , & à diviser ensuite par 4169 , ainsi que le prescrit la regle que nous donnons.

Comme la division par un nombre complexe se réduit , ainsi qu'on vient de le voir , à la division par un nombre incomplexe , on doit avoir ici les mêmes attentions à l'égard de la nature des unités que nous avons eues (126) & (127).

Ce seroit ici le lieu de parler du toisé ou de la multiplication & de la division géométriques ; ces opérations ne diffèrent en rien , pour le procédé , de celles que nous venons d'exposer ; ensorte qu'il n'y auroit ici d'autre chose à ajouter, que d'expliquer quelle est la nature des unités des facteurs & du produit ; mais cela appartient à la Géométrie. Nous remettrons donc à en parler , jusqu'à ce que nous soyons arrivés à la Géométrie.

De la formation des Nombres quarrés & de l'extraction de leur racine.

129. On appelle *quarré* d'un nombre, le produit qui réfulte de la multiplication de ce nombre par lui-même ; ainfi 25 eft le quarré de 5, parce que 25 réfulte de la multiplication de 5 par 5.

130. La *racine quarrée* d'un nombre propofé, eft le nombre qui multiplié par lui même, reproduiroit ce même nombre propofé : ainfi 5 eft la racine quarrée de 25 ; 7 eft la racine quarrée de 49.

131. Un nombre que l'on quarre, eft donc tout à la fois multiplicande & multiplicateur ; il eft donc deux fois facteur (42) du produit ; c'eft pour cela qu'on appelle auffi ce produit ou quarré, la *feconde puiffance* de ce nombre.

Il ne faut d'autre art pour quarrer un nombre, que de le multiplier par lui-mê-même felon les regles ordinaires de la multiplication ; mais pour extraire la racine quarrée d'un nombre, c'eft-à-dire, pour revenir du quarré à la racine, il faut une méthode, du moins lorfque le nombre ou quarré propofé a plus de deux chiffres.

Lorfque le nombre propofé n'a qu'un

ou deux chiffres , fa racine , en nombre entier , eft quelqu'un des nombres......

1 , 2 , 3 , 4 , 5 , 6 , 7 , 8 , 9.
Dont les quarrés font,
1 , 4 , 9 , 16 , 25 , 36 , 49 , 64 , 81.

Ainfi la racine quarrée de 72 , par exemple , eft 8 en nombre entier , parce que 72 étant entre 64 & 81 , fa racine eft entre les racines de ceux-ci , c'eft-à-dire , entre 8 & 9 ; elle eft 8 & une fraction , fraction qu'à la vérité on ne peut pas affigner exactement ; mais dont on peut approcher continuellement , ainfi que nous le verrons dans peu.

132. La racine quarrée d'un nombre qui n'eft point un quarré parfait, s'appelle un nombre *fourd* ou *irrationnel* ou *incommenfurable*.

133. Venons aux nombres qui ont plus de deux chiffres.

C'eft en obfervant ce qui fe paffe dans la formation du quarré , que nous trouverons la méthode qu'on doit fuivre pour revenir à la racine.

Pour

Pour quarrer un nombre tel que 54, par exemple.

$$
\begin{array}{r}
54 \\
54 \\
\hline
216 \\
270 \\
\hline
2916
\end{array}
$$

Après avoir écrit le multiplicande & le multiplicateur, comme on le voit ici, nous multiplions comme à l'ordinaire, le 4 supérieur par le 4 inférieur, ce qui fait évidemment le *quarré des unités*.

Nous multiplions ensuite le 5 supérieur, par le 4 inférieur, ce qui fait le *produit des dixaines par les unités*.

Nous passons, après cela, au second chiffre du multiplicateur, & nous multiplions le 4 supérieur, par le 5 inférieur; ce qui fait le produit des unités par les dixaines, ou (44) *le produit des dixaines par les unités*.

Enfin nous multiplions le 5 supérieur par le 5 inférieur, ce qui fait *le quarre des dixaines*.

Nous ajoutons ces produits, & nous avons pour quarré, le nombre 2916 que nous voyons donc être composé *du quarré*

Arithmétique. I

des dixaines, plus deux fois le produit des dixaines par les unités, plus le quarré des unités du nombre 54.

134. Ce que nous venons d'obferver étant une conféquence immédiate des regles de la multiplication, n'eft pas plus particulier au nombre 54 qu'à tout autre nombre compofé de dixaines & d'unités ; enforte qu'on peut dire généralement que le quarré de tout nombre compofé de dixaines & d'unités renfermera les trois parties que nous venons d'énoncer ; favoir, le quarré des dixaines de ce nombre, deux fois le produit des dixaines par les unités, & le quarré des unités.

135. Cela pofé comme le quarré des dixaines eft des centaines, (puifque 10 fois 10 font 100), il eft vifible que ce quarré des dixaines ne peut faire partie des deux derniers chiffres du quarré total.

Pareillement le produit du double des dixaines multipliées par les unités, étant néceffairement des dixaines, ne peut faire partie du dernier chiffre du quarré total.

136. Donc pour revenir du quarré 2916 à fa racine, on peut raifonner ainfi.

EXEMPLE I.

$$\begin{array}{c|l} 2916 & 54 \ \text{racine} \\ 416 & \\ \hline 104 & \\ \hline 000 & \end{array}$$

Commençons par trouver les dixaines de cette racine : or la formation du quarré nous apprend qu'il y a , dans 2916, le quarré de ces dixaines , & que ce quarré ne peut faire partie des deux derniers chiffres ; il est donc dans 29 ; & comme la racine quarrée de 29 ne peut être plus de 5 , concluons-en que le nombre des dixaines de la racine, est 5 , & portons-les à côté de 2916 , comme on le voit ci-dessus.

Je quarre 5 , & je retranche le produit 25 , de 29 ; il me reste 4 à côté duquel j'abaisse les deux autres chiffres 16 du nombre proposé 2916.

Pour trouver maintenant, les unités de la racine, je fais attention à ce que renferme le reste 416 ; il ne contient plus que deux parties du quarré ; savoir le double des dixaines de la racine , multipliées par les unités , & le quarré des unités de cette même racine. De ces deux parties , la

I 2

premiere fuffit pour nous faire trouver les
unités que nous cherchons ; car puifqu'elle
eft formée du double des dixaines multipliées par les unités, fi on la divife par le
double des dixaines que nous connoiffons,
elle doit (74) donner pour quotient les
unités : il ne s'agit donc plus que de favoir
dans quelle partie de 416 eft renfermé ce
double des dixaines multipliées par les
unités ; or nous avons remarqué ci-deffus
qu'il ne pouvoit faire partie du dernier
chiffre ; il eft donc dans 41 ; il faut donc
divifer 41, par le double 10 des dixaines
trouvées ; j'écris donc fous 41 le double
10 des dixaines, & faifant la divifion, le
quotient 4 que je trouve eft le nombre des
unités, que je porte à la droite des 5 dixaines trouvées ; enforte que la racine cherchée
eft 54.

Mais il faut obferver que quoique le
quotient 4 que nous venons de trouver ;
foit en effet celui qui convient ; cependant il peut arriver quelquefois que le
quotient trouvé de cette maniere, foit
plus fort qu'il ne convient ; parce que 41
(c'eft-à-dire, la partie qui refte après la
féparation du dernier chiffre), renferme
non-feulement le double des dixaines mul-

tiplié par les unités , mais encore les dixaines provenantes du quarré des unités ; c'eſt
pourquoi , pour n'avoir aucun doute ſur le
chiffre des unités , il faut employer la vérification ſuivante.

Après avoir trouvé le chiffre 4 des unités,
& l'avoir écrit à la racine , je le porte à
côté du double 10 des dixaines , ce qui
fait 104 , dont je multiplie ſucceſſivement
tous les chiffres par le même nombre 4 ,
& je retranche les produits ſucceſſifs , des
parties correſpondantes de 416 ; comme il
ne reſte rien , j'en conclus que la racine eſt
en effet 54.

S'il reſtoit quelque choſe , la racine
n'en feroit pas moins la vraie racine en
nombres entiers , à moins que ce reſte
ne fût plus grand que le double de la racine,
augmenté de l'unité ; mais c'eſt ce qu'on
n'a point à craindre quand on prend le
quotient toujours au plus fort.

La vérification que nous venons d'en-
ſeigner , eſt fondée ſur la formation même
du quarré ; car quand on multiplie 104
par 4 , il eſt évident qu'on forme le quarré
des unités & le double des dixaines multiplié par les unités , c'eſt-à-dire , ce qui
complete le quarré parfait.

I 3

137. De ce que nous venons de dire, il faut conclure que pour extraire la racine quarrée d'un nombre qui n'a pas plus de quatre chiffres, ni moins de trois, il faut, après en avoir féparé deux fur la droite, chercher la racine quarrée de la tranche qui refte à gauche ; cette racine fera le nombre des dixaines de la racine totale cherchée, & on l'écrira à côté du nombre propofé, en l'en féparant par un trait.

On fouftraira de cette même tranche le quarré de la racine qu'on vient de trouver, & après avoir écrit le refte au deffous de cette tranche, on abaiffera à côté de ce refte, les deux chiffres qu'on avoit féparés.

On féparera, par un point, le chiffre des unités de la tranche qu'on vient d'abaiffer, & on divifera ce qui fe trouvera fur la gauche, par le double des dixaines, qu'on écrira au-deffous.

On écrira le quotient, à côté du premier chiffre de la racine, & on le portera enfuite à côté du double des dixaines qui a fervi de divifeur.

Enfin on multipliera par ce même quotient, tous les chiffres qui fe trouveront fur cette derniere ligne, & on retranchera leurs produits, à mesure qu'on les trouvera, des chiffres qui leur correspondent dans la ligne au-dessus.

Achevons d'éclaircir ceci par un exemple.

EXEMPLE II.

On demande la racine quarrée de 7569.

$$75.69|87 \text{ racine.}$$
$$116.9$$
$$167$$
$$\overline{}$$
$$000$$

Je sépare les deux chiffres 69, & je cherche la racine quarrée de 75 ; elle est. 8 ; j'écris 8 à côté, je quarre 8 & je retranche de 75, le quarré 64 ; il me reste 11 que j'écris au dessous de 75, & j'abaisse à côté de ce même 11, les chiffres 69 que j'avois séparés.

Je sépare, dans 1169, le dernier chiffre 9, pour avoir dans 116 la partie que je dois diviser pour trouver les unités.

Je forme mon diviseur, en doublant les 8 dixaines que j'ai trouvées, & j'écris ce diviseur au-dessous de 116 ; la division me donne pour quotient 7 que j'écris à la racine, à la droite de 8.

I 4

Je porte auffi ce quotient à côté du divifeur 16 ; je multiplie 167 qui forme la derniere ligne, par ce même quotient 7, & je retranche les produits, à mefure que je les trouve, de 1169 : il ne refte rien, ce qui prouve que 7569 eft un quarré parfait & le quarré de 87.

138. Il faut bien remarquer qu'on ne doit divifer par le double des dixaines, que la feule partie qui refte à gauche, après qu'on a féparé le dernier chiffre ; enforte que fi elle ne contenoit pas le double des dixaines, il ne faudroit pas, pour cela, employer le chiffre féparé ; on mettroit o à la racine. Si au contraire, on trouvoit que le double des dixaines y eft plus de 9 fois, on ne mettroit cependant pas plus de 9 ; la raifon en eft la même que pour la divifion (66).

139. Après avoir bien compris ce que nous venons de dire fur la racine quarrée des nombres qui n'ont pas plus de 4 chif-fres, on faifira facilement ce qu'il convient de faire, lorfque le nombre des chiffres eft plus grand. De quelque nombre de chiffres que la racine doive être compo-fée, on peut toujours la concevoir com-pofée de deux parties, dont l'une foit des

dixaines, & l'autre des unités; par exemple, 874 peut être confidéré comme repréfentant 87 dixaines & 4 unités.

Cela pofé, quand on a trouvé les deux premiers chiffres de la racine, par la méthode qu'on vient d'expofer, on peut auffi trouver le troifieme par la même méthode, en confidérant ces deux premiers chiffres, comme ne faifant qu'un feul nombre de dixaines, & leur appliquant, pour trouver le troifieme, tout ce qui a été dit du premier pour trouver le fecond.

Pareillement, quand on aura trouvé les trois premiers chiffres, s'il doit y en avoir un quatrieme, on confidérera les trois premiers, comme ne faifant qu'un feul nombre de dixaines, auquel on appliquera, pour trouver le quatrieme, le même raifonnement qu'on appliquoit aux deux premiers pour trouver le troifieme, & ainfi de fuite.

Mais pour procéder avec ordre, il faut commencer par partager le nombre propofé en tranches, de deux chiffres chacune, en allant de droite à gauche; la derniere pourra n'en contenir qu'un.

La raifon de cette préparation eft fondée fur ce que, confidérant la racine

comme compofée de dixaines & d'unités ;
il faut , fuivant ce qui a été dit ci-deffus
(135 & *fuiv.*) commencer par féparer les
deux derniers chiffres fur la droite , pour
avoir dans la partie qui refte à gauche ,
le quarré des dixaines ; mais comme cette
partie eft elle-même compofée de plus de
deux chiffres , un raifonnement femblable
conduit à en féparer encore deux fur la
droite , & ainfi de fuite.

Donnons un exemple de cette opération.

E x e m p l e III.

On demande la racine quarrée de
76807696

$$
\begin{array}{r|l}
76.80.76.96 & 8764 \\
128.0 & \\
167 & \\
\hline
1117.6 & \\
1746 & \\
\hline
7009.6 & \\
17524 & \\
\hline
00000 &
\end{array}
$$

Après avoir partagé le nombre propofé,
en tranches de deux chiffres chacune, en
allant de droite à gauche , je cherche

quelle eſt la racine quarrée de la tranche 76 qui eſt le plus à gauche : je trouve qu'elle eſt 8, & j'écris 8 à côté du nombre propoſé : je quarre 8 & je retranche le quarré 64, de 76 ; j'ai pour reſte 12 que j'écris au deſſous de 76 ; à côté de ce reſte j'abaiſſe la tranche 80 dont je ſépare le dernier chiffre par un point ; & au deſſous de la partie 128, j'écris 16 double de la racine trouvée ; puis diſant, en 128 combien de fois 16? je trouve qu'il y eſt 7 fois : j'écris 7 à la ſuite de la racine 8, & à côté du double 16 ; je multiplie 167 par ce même nombre 7, & je retranche de 1280 le produit de cette multiplication, il me reſte 1 1 à côté duquel j'abaiſſe la tranche 76, ce qui forme 11176 ; je ſépare le dernier chiffre 6 de ce nombre, & ſous la partie 1117 qui reſte à gauche : j'écris 174, le double de la racine 87. je diviſe 1117 par 174, & ayant trouvé 6 pour quotient, j'écris 6 à la racine & à côté du double 174, je multiplie 1746 par ce même nombre 6, & je retranche de 11176, il reſte 700 ; à côté de ce reſte, j'abaiſſe 96 dont je ſépare le dernier chiffre ; au-deſſous de 7009 qui reſte à gauche, j'écris 1752 double de la racine trouvée 876,

& divifant 7009 par 1752 , je trouve pour quotient 4 que j'écris à la racine & à côté du double 1752. Je multiplie 17524 par ce même nombre 4 , & je retranche de 70096 , il ne refte rien , ainfi la racine quarrée de 76807696 eft exactement 8764.

140. Lorfque le nombre propofé n'eft point un quarré parfait , il y a un refte à la fin de l'opération , & la racine quarrée qu'on a trouvée , eft la racine quarrée du plus grand quarré contenu dans le nombre propofé : alors il n'eft pas poffible d'extraire la racine quarrée exactement ; mais on peut en approcher fi près qu'on le juge à propos, c'eft-à-dire, de maniere que l'erreur qui en réfulteroit dans le quarré , foit au deffous de telle quantité qu'on voudra.

Cette approximation fe fait commodément par le moyen des décimales. Il faut concevoir à la fuite du nombre propofé, deux fois autant de zéros qu'on voudra avoir de décimales à la racine, faire l'opération comme à l'ordinaire , & féparer enfuite par une virgule fur la droite de la racine , moitié autant de décimales qu'on a mis de zéros à la fuite du nombre propofé. En effet, (54) le produit de la multiplication devant avoir autant de décimales

qu'il y en a dans les deux facteurs enfemble, le quarré (dont les deux facteurs font
égaux) doit donc en avoir le double de ce
qu'a l'un des facteurs, c'eft-à-dire, le double de ce que doit avoir la racine.

EXEMPLE.

On demande la racine quarrée de
87567 à moins d'un millieme près.

Pour faire des milliemes il faut trois
décimales ; il faut donc mettre fix zéros au
quarré 87567 ; ainfi il faut tirer la racine
quarrée de 87567000000.

```
8.75.67.00.00.00 | 295917
4 7.4
  4 9
  _____
  346.7
   5 8 5
   _____
   5420.0
    590 9
    _____
    10190.0
     5918 1
     _____
     427190.0
      59182 7
      _____
      129111
```

En faifant l'opération comme dans les exemples précédents, on trouve pour racine quarrée, à moins d'une unité près, le nombre 295917 ; cette racine eft celle de 8756700c000 ; mais comme il s'agit de celle de 87567 ou de 87567,000000 ; je fépare moitié autant de décimales dans la racine, que j'ai mis de zéros au quarré, ce qui me donne 295,917 pour la racine quarrée de 87567, à moins d'un millieme près.

Pareillement, fi l'on demande la racine quarrée de 2, à moins d'un dix-millieme près ; on tirera la racine quarrée de 200000000 qu'on trouvera être 14142 ; féparant les quatre chiffres de la droite, par une virgule, on aura 1,4142 pour la racine quarrée de 2, approchée à moins d'un dix-millieme près.

141. On a vu (106) que pour multiplier une fraction par une fraction, il falloit multiplier numérateur par numérateur & dénominateur par dénominateur ; par conféquent, pour quarrer une fraction, il faut quarrer le numérateur & le dénominateur, ainfi le quarré de $\frac{2}{3}$ eft $\frac{4}{9}$, celui de $\frac{4}{5}$ eft $\frac{16}{25}$.

142. Donc réciproquement, pour

tirer la racine quarrée d'une fraction, il faut tirer la racine quarrée du numérateur & celle du dénominateur; ainsi la racine quarrée de $\frac{9}{16}$ est $\frac{3}{4}$, parce que celle de 9 est 3, & celle de 16 est 4.

143. Mais il peut arriver que le numérateur ou dénominateur, ou tous les deux ne soient point des quarrés parfaits; s'il n'y a que le numérateur qui ne soit point un quarré, on en tirera la racine, approchée par la méthode qu'on vient d'exposer, & ayant tiré la racine du dénominateur, on la donnera pour dénominateur à la racine du numérateur; ainsi si l'on demande la racine de $\frac{2}{9}$, on tirera la racine approchée du numérateur 2 qu'on trouvera 1,4 ou 1,41 ou 1,414 ou 1,4142, &c. selon qu'on voudra en approcher plus ou moins; & comme la racine quarrée de 9 est 3, on aura pour racine approchée de $\frac{2}{9}$, la quantité $\frac{1,4}{3}$ ou $\frac{1,41}{3}$ ou $\frac{1,414}{3}$ ou $\frac{1,4142}{3}$, &c.

Mais si le dénominateur n'est par un quarré, on multipliera les deux termes de la fraction par ce même dénominateur, ce qui ne changera rien à la valeur de la fraction, & rendra ce dénominateur quarré; alors on opérera comme dans le cas précédent. Par exemple, si l'on demande la racine quarrée de $\frac{3}{5}$, on changera cette fraction en $\frac{15}{25}$; tirant la racine quarrée de 15, jusqu'à 3 décimales, par exemple, on aura 3,872; & comme la racine quarrée de 25 est 5; la racine quarrée de $\frac{15}{25}$ sera $\frac{3,872}{5}$.

144. Pour ne pas avoir plusieurs fortes de fractions à la fois, on réduira le résultat $\frac{3,872}{5}$, uniquement en décimales, en divisant 3,872 par 5, ce qui donnera 0,774 pour la racine de $\frac{3}{5}$ exprimée purement en décimales (99).

145. Enfin si l'on avoit des entiers joints à des fractions, on réduiroit ces entiers en fractions (86), & on opéreroit, comme il vient d'être dit pour une fraction. Ainsi, pour tirer la racine quarrée de $8\frac{3}{7}$, on changeroit $8\frac{3}{7}$, en $\frac{59}{7}$, & celle-ci (143) en $\frac{413}{49}$, dont on trouveroit que la racine approchée est $\frac{20,322}{7}$ ou 2,903.

146. On peut aussi réduire en décimales, la fraction qui accompagne l'entier; mais il faut observer d'y employer un nombre de décimales pair & double de celui qu'on veut avoir à la racine; parce que le produit de la multiplication de deux nombres qui ont des décimales,

devant

devant avoir autant de décimales qu'il y en a dans les deux facteurs (54) , le quarré d'un nombre qui a des décimales , doit en avoir deux fois autant que ce nombre. En appliquant cette méthode à $8\frac{3}{7}$, on le transforme en 8,428571 (99), dont la racine est 2,903 , comme ci-dessus.

147. Si l'on avoit à tirer la racine quarrée d'une quantité décimale , il faudroit avoir soin de rendre le nombre des décimales pair , s'il ne l'est pas ; ce qui se fera , en mettant à la suite de ces décimales 1 ou 3 ou 5 , &c. zéros ; cela n'en change pas la valeur (30). Ainsi , pour tirer la racine quarrée de 21,935 à moins d'un millieme près ; je tire la racine quarrée de 21,935000 qui est 4,683 ; c'est aussi celle de 21,935. On trouvera de même , que celle de 0,542 est à moins d'un millieme près 0,736 , & que celle de 0,0054 est à moins d'un millieme près 0,073.

148. Quand on a trouvé , par la méthode qui vient d'être exposée , les trois premiers chiffres de la racine, on peut en avoir plusieurs autres avec plus de facilité & de promptitude , par la division seule , en cette maniere.

Prenons pour exemple 763703556823 : je commence par chercher les trois premiers chiffres de la racine , par la méthode ci-dessus : je trouve 873 pour cette racine , & 1574 pour reste : je mets à côté de ce reste , les deux chiffres 55 , qui suivent la partie 763703 qui a donné les trois premiers chiffres. (Je mettrois les trois chiffres suivants , si

Arithmétique. K

j'avois quatre chiffres de la racine, quatre si j'en avois 5, & ainsi de suite ; je divise 157455 que j'ai alors, par le double 1746 de la racine ; je trouve pour quotient 90 ; ce font deux nouveaux chiffres à mettre à la suite de la racine, qui par là devient 87390. Je quarre cette racine, & je retranche son quarré 7637012100, de la partie 7637035568 dont 87390 est la racine ; il me reste 23468.

Si je veux avoir de nouveaux chiffres à la racine ; comme j'en ai déjà cinq, je puis, par la seule division, en trouver 4 ; je mettrai, pour cet effet, à la suite du reste 23468 les deux chiffres restants 23 du nombre proposé, & deux zéros, & divisant 2346823000 par le double 174780 de la racine trouvée, j'aurai 1342 pour les quatre nouveaux chiffres que je dois joindre à la racine : mais en partageant le nombre proposé, en tranches, de la maniere qui a été dite ci-dessus, on voit que sa racine ne doit avoir que six chiffres pour les nombres entiers, donc cette racine est 873901,342, à moins d'un millieme près.

On peut, le plus souvent, pousser chaque division jusqu'à un chiffre de plus, c'est-à-dire, jusqu'à autant de chiffres qu'on en a déjà à la racine ; mais il y a quelques cas, rares à la vérité, où l'erreur sur le dernier chiffre, pourroit aller jusqu'à cinq unités ; au lieu qu'en se bornant à un chiffre de moins, comme nous venons de le faire, on n'a jamais à craindre, même une unité d'erreur sur le dernier chiffre.

Si après avoir trouvé les premiers chiffres de la racine, par la méthode ordinaire, ce qui reste après l'opération faite, se trouvoit égal au double de ces premiers chiffres, il faudroit, pour éviter tout embarras, en déterminer encore un par la même méthode ordinaire, après quoi on trouveroit les autres par la méthode abrégée que nous venons d'exposer, qui, comme on le voit assez, s'applique également aux décimales.

Si la racine devoit avoir des zéros parmi ses chiffres intermédiaires, dans le cas où ces zéros seroient du nombre des chiffres qu'on détermine par la division, il peut arriver, s'ils doivent être les premiers chiffres du quotient, qu'on ne s'en apperçoive pas, parce que dans la division on ne marque pas les zéros qui doivent précéder sur la gauche du quotient ; le moyen de le distinguer est de faire attention qu'on doit avoir toujours autant de chiffres au quotient qu'on en a mis à la fuite du refte ; & par conféquent, quand il y en aura moins, il en faudra compléter le nombre, par des zéros placés fur la gauche de ce quotient.

Au refte, l'abrégé que nous venons d'expofer, eft une fuite de ce principe général, qu'il eft aifé de déduire de ce qu'on a vu (134) ; favoir que le quarré d'une quantité quelconque compofée de deux parties, renferme le quarré de la premiere partie, deux fois la premiere partie multi-pliée par la feconde, & le quarré de la feconde.

De la formation des Nombres cubes, & de l'extraction de leur Racine.

149. Pour former ce qu'on appelle *le cube* d'un nombre, il faut d'abord mul-tiplier ce nombre par lui-même, & multiplier enfuite, par ce même nombre, le produit réfultant de cette premiere mul-tiplication.

Ainfi le cube d'un nombre eft, à pro-prement parler, le produit du quarré d'un nombre multiplié par ce même nombre : 27 eft le cube de 3, parce qu'il réfulte de la multiplication de 9 (quarré de 3) par le même nombre 3.

Le nombre que l'on cube eft donc trois fois facteur dans le cube ; c'eft pour cette raifon que le cube eft auffi nommé *troifieme puiffance* ou *troifieme degré* de ce nombre.

150. En général, on dit qu'un nombre eft élevé à la feconde, troifieme, quatrieme. cinquieme, &c. puiffances, quand on l'a multiplié par lui-même 1, 2, 3, 4, &c. fois confécutives, ou lorfqu'il eft 2 fois, 3 fois, 4 fois, 5 fois &c. facteur dans le produit.

151. La racine cubique d'un cube propofé, eft le nombre, qui multiplié par fon quarré, produit ce cube ; ainfi 3 eft la racine cubique de 27.

152. On n'a donc pas befoin de regles pour former le cube d'un nombre ; mais pour revenir du cube à fa racine, il faut une méthode. Nous déduirons cette méthode de l'examen de ce qui fe paffe dans la formation du cube.

Obfervons cependant qu'on n'a befoin de méthode pour extraire la racine cubique en nombres entiers, que lorfque le nombre propofé a moins de quatre chiffres, car 1000 étant le cube de 10, tout nombre au-deffous de 1000, & par conféquent de moins de quatre chiffres, aura pour racine moins que 10, c'eft-à-dire, moins de deux chiffres.

Ainfi tout nombre qui tombera entre deux de ceux-ci. . . . .
1, 8, 27, 64, 125, 216, 343, 512, 729,

aura fa racine cubique, en nombre entier, entre les deux nombres correfpondants de cette fuite.

1   2   3   4   5   6   7   8   9   dont la premiere contient les cubes.

I 5 3. Tout nombre n'a pas de racine cubique ; mais on peut approcher continuellement d'un nombre qui, étant cubé, approche auffi de plus en plus de reproduire ce premier nombre ; c'eft ce que nous verrons après avoir appris à trouver la racine d'un cube parfait.

I 5 4. Voyons donc de quelles parties peut être compofé le cube d'un nombre qui contiendroit des dixaines & des unités.

Puifque le cube réfulte du quarré d'un nombre multiplié par ce même nombre, il eft effentiel de fe rappeller ici (134) que *le quarré d'un nombre compofé de dixaines & d'unités, renferme, 1°. le quarré des dixaines, 2°. deux fois le produit des dixaines par les unités, 3°. le quarré des unités.*

Pour former le cube, il faut donc multiplier ces trois parties, par les dixaines & par les unités du même nombre.

Afin d'appercevoir plus diftinctement les produits qui en réfulteront, donnons

K 3

à cette opération fimulée, la forme fuivante.

1°.

Le quarré des di-
xaines.

Deux fois le pro-
duit des dixaines
par les unités.

Le quarré des
unités.

étant multiplié
par les dixai-
nes, donnera

Le cube des dixaines.

Deux fois le produit du
quarré des dixaines mul-
tiplié par les unités.

Le produit des dixaines
par le quarré des unités.

2°.

Le quarré des di-
xaines.

Deux fois le produit
des dixaines par les
unités.

Le quarré des uni-
tés.

etant multiplié
par les unités,
donnera

Le produit du quarré des
dixaines multiplé par les
unités.

Deux fois le produit des
dixaines par le quarré des
unités.

Le cube des unités.

Donc en raffemblant ces 6 réfultats, &
réuniffant ceux qui font femblables, on voit
que le cube d'un nombre compofé de dixaines & d'unités, contient quatre parties;
favoir *le cube des dixaines, trois fois le quarré
des dixaines multiplié par les unités, trois
fois les dixaines multipliées par le quarré des
unités, & enfin le cube des unités.*

Formons, d'après cela, le cube d'un
nombre compofé de dixaines & d'unités,
de 43, par exemple,

$$
\begin{array}{r}
64000 \\
14400 \\
1080 \\
27 \\
\hline
79507
\end{array}
$$

Nous prendrons donc le cube de 4 qui eſt 64 ; mais comme ce 4 eſt des dixaines, ſon cube ſera des mille, parce que le cube 10 eſt 1000, ainſi le cube des 4 dixaines ſera 64000.

3 fois 16 ou 3 fois le quarré des 4 dixaines, étant multiplié par les 3 unités, donnera 144 centaines, parce que le quarré de 10 eſt 100 ; ainſi ce produit ſera 14400.

3 fois 4, ou 3 fois les dixaines, étant multipliées par le quarré des unités, donneront des dixaines, & ce produit ſera 1080.

Enfin le cube des unités ſe terminera à la place des unités, & ſera 27.

En réuniſſant ces quatre parties, on aura 79507 pour le cube de 43 ; cube qu'on auroit, ſans doute, trouvé plus facilement, en multipliant 43 par 43, & le produit 1849, encore par 43 ; mais il ne s'agit pas tant ici de trouver la valeur du cube, que de reconnoître, par l'examen des parties qui le compoſent, la maniere de revenir à ſa racine.

155. Cela poſé, voici le procédé de l'extraction de la racine cubique.

K 4

E X E M P L E.

Soit donc proposé d'extraire la racine cubique de 79507.

Cube.   *Racine.*

79.507 | 43
155.07
48

Pour avoir la partie de ce nombre qui renferme le cube des dixaines de la racine, j'en sépare les trois derniers chiffres, dans lesquels nous venons de voir que ce cube ne peut être compris, puisqu'il vaut des mille.

Je cherche la racine cubique de 79, elle est 4 que j'écris à côté.

Je cube 4, & j'ôte le produit 64 de 79; il me reste 15 que j'écris au - dessous de 79.

A côté de 15, j'abaisse 507, ce qui me donne 15507, dans lequel il doit y avoir 3 fois le quarré des quatre dixaines trouvées, multipliées par les unités que nous cherchons, plus 3 fois ces mêmes dixaines multipliées par le quarré des unités, plus enfin le cube des unités.

Je fépare les deux derniers chiffres 07 ; la partie 155 qui refte à gauche , renferme 3 fois le quarré des dixaines multiplié par les unités ; c'eft pourquoi , afin d'avoir les unités (74) , je vais divifer cette partie 155 , par le triple du quarré des 4 dixaines , c'eft-à-dire , par 48.

Je trouve que 48 eft 3 fois dans 155 ; j'écris donc 3 à la racine.

Pour éprouver cette racine , & connoître le refte , s'il y en a , nous pourrions compofer les trois parties du cube qui doivent fe trouver dans 15507 , & voir fi elles forment 15507 , ou de combien elles en différent ; mais il eft auffi commode de faire cette vérification , en cubant tout de fuite 43 , c'eft-à-dire , en multipliant 43 par 43 , ce qui produit 1849 , & multipliant ce produit par 43 , ce qui donne enfin 79507. Ainfi 43 eft exactement la racine cubique.

Si le nombre propofé a plus de fix chiffres , on raifonnera comme dans l'exemple ci-après.

EXEMPLE.

Soit proposé d'extraire la racine cubique de 596947688.

```
596.947.688 | 842
849.47
192
592704
        42436.88
        21168
        596947688
```
ooooooooo

On considérera sa racine comme composée de dixaines & d'unités, & par cette raison on commencera par séparer les trois derniers chiffres.

La partie 596947 qui renferme le cube des dixaines, ayant plus de 3 chiffres, sa racine en aura plus d'un, & par conséquent elle aura des dixaines & des unités : il faut donc, pour trouver le cube de ces premieres dixaines, séparer les trois chiffres 947.

Cela posé, je cherche la racine cubique de 596 ; elle est 8, j'écris ce 8 à côté. Je cube 8, & je retranche le produit 512, de 596 ; il reste 84 que j'écris au-dessous de 596.

A côté de 84, j'abaiſſe 947, ce qui me donne 84947, dont je ſépare les deux derniers chiffres.

Au-deſſous de la partie 849, j'écris 192 qui eſt le triple quarré de la racine 8, & je diviſe 849 par 192 ; je trouve pour quotient 4 que j'écris à la racine.

Pour vérifier cette racine, & avoir en même temps le reſte, je cube 84, & je retranche le produit 592704, du nombre 596947 ; j'ai pour reſte 4243.

A côté de ce reſte j'abaiſſe la tranche 688, & conſidérant la racine 84 comme un ſeul nombre qui marque les dixaines de la racine cherchée, je ſépare les deux derniers chiffres 88 de la tranche abaiſſée, & je diviſe la partie 42436 par le triple quarré de 84, c'eſt-à-dire, par 21168 ; je trouve pour quotient 2 que j'écris à la ſuite de 84.

Pour vérifier la racine 842 & avoir le reſte, s'il y en a, je cube 842, & je retranche le produit 596947688, du nombre propoſé 596947688 : & comme il ne reſte rien, j'en conclus que 842 eſt la racine exacte de 596947688.

Il faut encore obſerver, 1°. que dans le cours de ces opérations, on ne doit jamais mettre plus de 9 à la racine.

2°. Si le chiffre qu'on porte à la racine étoit trop fort ; on s'en appercevroit à ce que la fouftraction ne pourroit fe faire ; & alors on diminueroit la racine fucceffivement d'une, 2 , 3 , &c. unités jufqu'à ce que la fouftraction devînt poffible.

Lorfque le nombre propofé n'eft pas un cube parfait , la racine qu'on trouve n'eft qu'une racine approchée , & il eft rare qu'il foit fuffifant de l'avoir en nombres entiers. Les décimales font encore d'un ufage très-avantageux pour pouffer cette approximation beaucoup plus loin , & auffi loin qu'on le défire , fans que cependant on puiffe jamais atteindre à une racine exacte.

156. Pour approcher auffi près qu'on le voudra de la racine cubique d'un cube imparfait , il faut mettre à la fuite de ce nombre trois fois autant de zéros qu'on veut avoir de décimales à la racine ; faire l'extraction comme dans les exemples précédents , & après l'opération faite , féparer par une virgule fur la droite de la racine , autant de chiffres qu'on vouloit avoir de décimales.

EXEMPLE.

On demande d'approcher de la racine cubique de 8755 jufqu'à moins d'un centieme près. Pour avoir des centiemes à la racine, c'eft-à-dire, deux décimales, il faut que le cube ou le nombre propofé en ait fix (54); il faut donc mettre fix zéros à la fuite de 8755.

Ainfi la queftion fe réduit à tirer la racine cubique de 875000000.

$$8.755.000.000 \mid 2061$$

$$07.55$$
$$12$$
$$8000$$

$$7550.00$$
$$1200$$
$$8741816$$

$$131840.00$$
$$127308$$
$$8754552981$$

$$447019$$

Suivant ce qui a été dit ci-deffus, je partage ce nombre, en tranches de trois chiffres chacune, en allant de droite à gauche.

Je tire la racine cubique de la derniere tranche 8 , elle eft 2 que j'écris à la racine. Je cube 2 & je retranche le produit de 8 ; j'ai pour refte o , à côté duquel j'abaiffe la tranche 755 , dont je fépare les deux derniers chiffres 55 : au-deffous de la partie reftante 7 , j'écris 12 , triple quarré de la racine , & divifant 7 par 12 , je trouve o pour quotient que j'écris à la racine.

Je cube la racine 20 , ce qui me donne 8000 que je retranche de 8755 ; j'ai pour refte 755 , à côté duquel j'abaiffe la tranche 000 , dont je fépare deux chiffres fur la droite ; au-deffous de la partie reftante 7550 , j'écris 1200 triple quarré de la racine 20 , & divifant 7550 par 1200 , je trouve pour quotient 6 que j'écris à la racine.

Je cube la racine 206 , & je retranche le produit, de 8755000 ; j'ai pour refte 13184 à côté duquel j'abaiffe la derniere tranche 000 , dont je fépare les deux derniers chiffres. Au-deffous de la partie reftante 131840 , j'écris 127308 triple quarré de la racine trouvée 206. Je divife 131840 par 127308 ; je trouve pour quotient 1 que j'écris à la fuite de 206. Je cube 2061 , & ayant retranché de 875000000 , le produit 874552981 ; j'ai pour reste 447019.

La racine cubique approchée de 8755000000, est donc 2061 ; donc celle de 8755,000000 est 20,61 , puisque le cube a trois fois autant de décimales que sa racine (54).

Si l'on vouloit pousser l'approximation plus loin, on mettroit à la suite du reste trois zéros, & on continueroit comme on a fait à chaque fois qu'on a abaissé une tranche.

157. Puisque pour multiplier une fraction par une fraction, il faut multiplier numérateur par numérateur, & dénominateur par dénominateur ; il faudra donc, pour cuber une fraction, cuber son numérateur & son dénominateur. Donc réciproquement, pour extraire la racine cubique d'une fraction, il faudra extraire la racine cubique du numérateur, & la racine cubique du dénominateur. Ainsi la racine cubique de $\frac{27}{64}$ est $\frac{3}{4}$, parce que la racine cubique de 27 est 3 , & celle de 64 est 4.

158. Mais si le dénominateur seul est un cube, on tirera la racine approchée du numérateur, & on donnera à cette racine pour dénominateur, la racine cubique du dénominateur. Par exemple,

fi l'on demande la racine cubique de $\frac{143}{343}$; comme le numérateur n'eft pas un cube, j'en tire la racine approchée, qui fera 5,22 à moins d'un centieme près ; & tirant la racine de 343 qui eft 7, j'ai $\frac{5,22}{7}$ pour la racine approchée de $\frac{143}{343}$; ou bien en réduifant en décimales (99), j'ai 0,74 pour cette racine approchée à moins d'un centieme près.

159. Si le dénominateur n'eft pas un cube, on multipliera les deux termes de la fraction par le quarré de ce dénominateur, & alors le nouveau dénominateur étant un cube, on fe conduira comme il vient d'être dit. Par exemple, fi l'on demande la racine cubique de $\frac{3}{7}$; je multiplie le numérateur & le dénominateur par 49, quarré du dénominateur 7, j'ai $\frac{147}{343}$ qui (88) eft de même valeur que $\frac{3}{7}$. La racine cubique de $\frac{147}{343}$ eft $\frac{5,7}{7}$, ou en réduifant purement en décimales, 0,75 ; la racine cubique de $\frac{3}{7}$ eft donc 0,75 à moins d'un centieme près.

S'il y avoit des entiers joints aux fractions, on convertiroit le tout en fraction, & l'opération feroit réduite à tirer la racine cubique d'une fraction (157 & *fuiv.*)

On pourroit auffi, foit qu'il y ait des entiers,

entiers, foit qu'il n'y en ait point, réduire la fraction en décimales ; mais il faut avoir foin de pouffer cette réduction jufqu'à trois fois autant de décimales qu'on veut en avoir à la racine. Ainfi, fi l'on demandoit la racine cubique de $7\frac{3}{11}$, approchée jufqu'à moins d'un millieme, on changeroit la fraction $\frac{3}{11}$ en 0,2727272,72 ; en forte que, pour avoir la racine cubique de $7\frac{3}{11}$, on tireroit celle de 7,272727272 qu'on trouvera être 1,937.

160. Pour tirer la racine cubique d'un nombre qui aura des décimales, il faudra le préparer par un nombre fuffifant de zéros mis à fa fuite, de maniere que le nombre de fes décimales foit ou 3 ou 6, ou 9, &c. alors on en tirera la racine, comme s'il n'y avoit pas de virgule ; & après l'opération faite, on féparera fur la droite de la racine, par une virgule, un nombre de chiffres qui foit le tiers du nombre des décimales de la quantité propofée ; enforte que fi la racine n'avoit pas fuffifamment de chiffres pour que cette regle eût fon exécution, on y fuppléeroit par des zéros placés fur la gauche de cette racine. Ainfi pour tirer la racine cubique de 6,54 à moins d'un millieme près, je

Arithmétique.   L

mettrai 7 zéros , & je tirerai la racine cubique de 6540000000 qui fera 1870 ; j'en féparerai 3 chiffres , puifqu'il y a 9 décimales au cube , & j'aurai , 1,870 , ou fimplement 1,87 pour la racine cubique de 6,54. On trouvera de même que celle de 0,0006 approchée à moins d'un centieme près , eft 0,08.

161. Quand on a trouvé les quatre premiers chiffres de la racine cubique , par la méthode qu'on vient d'expliquer , on peut trouver les autres plus promptement par la divifion , & cela de la maniere fuivante.

Qu'on demande la racine cubique de . . . . . . 5264627832723456 ; j'en cherche les quatre premiers chiffres , par la méthode ordinaire ; ils font 1739 , & le refte de l'opération eft 5681413 ; à côté de ce refte , je mets les deux chiffres 72 qui fuivent la partie 5264627832 qui a donné les quatre premiers chiffres. (Je mettrois les trois chiffres qui fuivent cette même partie , fi la racine trouvée avoit cinq chiffres , & les quatre fi elle en avoit fix). Je divife 568141372 par 9072363 , triple quarré de la racine 1739 ; j'ai pour quotient 62 , & ce font deux nouveaux chiffres à mettre à la fuite de 1739 , enforte que 173962 eft , en nombres entiers , la racine cubique du nombre propofé.

Si l'on vouloit pouffer plus loin , on cuberoit cette racine , & ayant retranché le produit , du nombre propofé , on mettroit à la fuite du refte quatre zéros , & on diviferoit le tout , par le triple du quarré de 173962 , ce qui donneroit quatre décimales pour la racine.

On fera ici la même obfervation qu'on a faite (148) fur le cas où la divifion ne donne pas autant de chiffres qu'elle doit en donner. Et dans ces divifions on s'aidera de la regle abrégée qui a été donnée (69 & fuiv.).

Des Raisons, Proportions & Progressions, & de quelques Regles qui en dépendent.

162. Les mots *raison* & *rapport* ont la même signification en Mathématiques, & l'un & l'autre expriment le résultat de la comparaison de deux quantités.

163. Si dans la comparaison de deux quantités, on a pour but de connoître de combien l'une surpasse l'autre, ou en est surpassée, le résultat de cette comparaison, qui est la différence de ces deux quantités, se nomme leur *Rapport arithmétique*.

Ainsi, si je compare 15 avec 8, pour connoître leur différence 7; ce nombre 7 qui est le résultat de la comparaison, est le rapport arithmétique de 15 à 8.

Pour marquer que l'on compare deux quantités sous ce point de vue, on sépare l'une de l'autre par un point; en sorte que 15.8 marque que l'on considere le rapport arithmétique de 15 à 8.

164. Si dans la comparaison de deux quantités, on se propose de connoître combien l'une contient l'autre, ou est contenue

L 2

en elle, le réfultat de cette comparaifon fe nomme leur *Rapport Géométrique*. Par exemple, fi je compare 12 à 3 pour favoir combien de fois 12 consient 3, le nombre 4 qui exprime ce nombre de fois, eft le rapport géométrique de 12 à 3.

Pour marquer que l'on compare deux quantités fous ce point de vue, on fépare l'une de l'autre par deux points : cette expreffion 12 : 3 marque que l'on confidere le rapport géométrique de 12 à 3.

165. Des deux quantités que l'on compare, celle qu'on énonce ou qu'on écrit la premiere, fe nomme *antécédent*, & la feconde fe nomme *conféquent*. Ainfi dans le rapport 12 : 3, 12 eft l'antécédent, & 3 eft le conféquent ; l'un & l'autre s'appellent les *termes* du rapport.

166. Pour avoir le rapport arithmétique de deux quantités, il n'y a donc autre chofe à faire qu'à retrancher la plus petite de la plus grande.

167. Et pour avoir le rapport géométrique de deux quantités, il faut divifer l'une par l'autre.

168. Nous évaluerons ce rapport, dorénavant, en divifant l'antécédent par le conféquent, ainfi le rapport de 12 à 3

est 4 ; & le rapport de 3 à 12 est $\frac{3}{12}$ ou $\frac{1}{4}$.

169. Un rapport arithmétique ne change point quand on ajoute à chacun de ses deux termes ou qu'on en retranche une même quantité, parce que la différence, (en quoi consiste le rapport), reste toujours la même.

170. Un rapport géométrique ne change point quand on multiplie ou quand on divise ses deux termes par un même nombre : car le rapport géométrique consistant (168) dans le quotient de la division de l'antécédent par le conséquent, est une quantité fractionnaire qui (88) ne peut changer par la multiplication ou la division de ses deux termes, par un même nombre. Ainsi le rapport 3 :, 12 est le même que celui 6 : 24 que l'on a en multipliant les deux termes du premier par 2 ; il est le même que celui de 1 : 4 que l'on a en divisant par 3.

171. Cette propriété sert à simplifier les rapports. Par exemple, si j'avois à examiner le rapport de $6\frac{3}{4}$ à $10\frac{2}{3}$, je dirois, en réduisant tout en fraction, ce rapport est le même que celui de $\frac{27}{4}$ à $\frac{32}{3}$, ou en réduisant au même dénominateur, le même que celui de $\frac{81}{12}$ à $\frac{128}{12}$, ou enfin

L 3

en supprimant le dénominateur 12, (ce qui revient au même que de multiplier les deux termes du rapport par 12,) est le même que celui de 81 à 128.

172. Lorsque quatre quantités font telles que le rapport des deux premieres, est le même que le rapport des deux dernieres, on dit que ces quatre quantités, forment une *proportion ;* & cette proportion est arithmétique ou géométrique, selon que le rapport qu'on y confidere est arithmétique, ou géométrique.

Les quatre quantités, 7, 9, 12, 14 forment une proportion arithmétique ; parce que la différence des deux premieres est la même que celle des deux dernieres. Pour marquer qu'elles sont en proportion arithmétique, on les écrit ainsi, 7. 9 : 12. 14 ; c'est-à-dire, qu'on sépare, par un point, les deux termes de chaque rapport ; & les deux rapports, par deux points. Le point qui sépare les deux termes de chaque rapport, signifie *est à,* & les deux points qui séparent les deux rapports, signifient *comme ;* ensorte que pour énoncer la proportion ainsi écrite, on dit 7 *est à* 9 *comme* 12 *est à* 14.

Les quatre quantités 3, 15, 4, 20,

forment une proportion géométrique ; parce que 3 eſt contenu dans 15 , comme 4 l'eſt dans 20. Pour marquer qu'elles ſont en proportion géométrique, on les écrit ainſi 3 : 15 :: 4 : 20 ; c'eſt-à-dire , qu'on ſépare les deux termes de chaque rapport par deux points , & les deux rapports par quatre points. Les deux points ſignifient *eſt à* , & les quatre points ſignifient *comme ;* de ſorte qu'on dit 3 *eſt à* 15 , *comme* 4 *eſt à* 20.

Il faut ſeulement obſerver que , dans la proportion arithmétique , on fait précéder le mot *comme* , du mot *arithmétiquement.*

173. Le premier & le dernier terme de la proportion ſe nomment les *extrêmes ;* le 2e & le 3e ſe nomment les *moyens.*

Comme il y a deux rapports , & par conſéquent deux antécédens & deux conſéquens ; on dit, pour le premier rapport ; *premier antécédent , premier conſéquent ;* & pour le ſecond , *ſecond antécédent , ſecond conſéquent.*

174. Quand les deux termes moyens d'une proportion ſont égaux , la proportion ſe nomme proportion *continue* , 3 . 7 : 7 . 11 forment une proportion arithmétique continue ; on l'écrit ainſi ÷ 3 . 7 . 11 . ; les deux points & la barre qui

L 4

précédent , font pour avertir que dans l'é-
noncé , on doit répéter le terme moyen
qui eft , ici , 7.

La proportion 5 : 20 :: 20 : 80 eft une
proportion géométrique continue , que par
abréviation on écrit ainfi ÷ 5 : 20 : 80 ;
l'ufage des quatre points & de la barre eft
le même que dans la proportion arithmétique continue.

175. Il fuit de ce que nous venons
de dire fur les proportions arithmétiques
& géométriques.

1°. Que fi dans une proportion arithmétique , on ajoute à chacun des antécédens , ou fi l'on en retranche la différence ou raifon qui regne dans cette proportion , felon que l'antécédent fera plus
grand ou plus petit que fon conféquent ,
chaque antécédent deviendra égal à fon
conféquent ; car c'eft donner au plus petit
terme de chaque rapport , ce qui lui man-
que pour égaler fon voifin ; ou retrancher
du plus grand , ce dont il furpaffe fon
voifin : ainfi dans la proportion 3 . 7 : 8 . 12,
ajoutez la différence 4 au premier & au
troifieme terme , vous aurez 7 . 7 : 12 . 12 ,
& il eft aifé de fentir que cela eft général.

2°. Si dans une proportion géométrique

vous multipliez chacun des deux conſéquens, par le rapport, vous les rendrez
pareillement égaux chacun à ſon antécédent ; car multiplier le conſéquent par le
rapport, c'eſt le prendre autant de fois
qu'il eſt contenu dans l'antécédent : ainſi
dans la proportion 12 : 3 : : 20 : 5 , multipliez 3 & 5. , chacun par 4 , & vous
aurez 12 : 12 : : 20 : 20. Pareillement, dans
la proportion 15 : 9 : : 45 : 27 , multipliez 9
& 27 chacun par $\frac{15}{9}$ ou $\frac{5}{3}$ qui eſt le rapport,
vous aurez 15 : 15 : : 45 : 45.

Propriétés des Proportions Arithmétiques.

176. La propriété fondamentale des
proportions arithmétiques eſt que *la ſomme des extrêmes eſt égale à la ſomme des
moyens ;* par exemple , dans cette proportion 3 . 7 : 8 . 12, la ſomme 3 & 12 des
extrêmes , & celle 7 & 8 des moyens ,
ſont également 15.

Voici comment on peut s'aſſurer que
cette propriété eſt générale.

Si les deux premiers termes étoient
égaux entr'eux , & les deux derniers égaux
auſſi entr'eux , comme dans cette proportion :

7 . 7 : 12 . 12.

il eſt évident que la ſomme des extrêmes ſeroit égale à celle des moyens.

Or toute proportion arithmétique peut être ramenée à cet état (175) en ajoutant à chaque antécédent, ou en ôtant la différence qui regne dans la proportion. Cette addition qui augmentera également la ſomme des extr.mes & celle des moyens, ne peut rien changer à l'égalité de ces deux ſommes ; ainſi ſi elles deviennent égales par cette addition, c'eſt qu'elles étoient égales ſans cette même addition. Le raiſonnement eſt le même pour le cas de la ſouſtraction.

177. Puiſque dans la proportion continue les deux termes moyens ſont égaux, il ſuit de ce qu'on vient de démontrer, que dans cette même proportion, la ſomme des extrêmes eſt double du terme moyen, ou que le terme moyen eſt la moitié de la ſomme des extrêmes : ainſi pour avoir un moyen arithmétique entre 7 & 15, par exemple ; j'ajoute 7 à 15, & prenant la moitié de la ſomme 22, j'ai 11 pour le terme moyen, en ſorte que ÷ 7 . 11 . 15.

Propriétés des Proportions Géométriques.

178. La propriété fondamentale de la proportion géométrique, eft que *le produit des extrêmes eft égal au produit des moyens ;* par exemple dans cette proportion 3 : 15 :: 7 : 35, le produit de 35 par 3, & celui de 15 par 7 font également 105.

Voici comment on peut fe convaincre que cette propriété a lieu dans toute proportion géométrique.

Si les antécédens étoient égaux à leurs conféquens, comme dans cette proportion, 3 : 3 :: 7 : 7.

Il eft évident que le produit des extrêmes feroit égal au produit des moyens.

Mais on peut toujours ramener une proportion à cet état, (175) en multipliant les deux conféquens par la raifon. Cette multiplication fera, à la vérité, que le produit des extrêmes fera un certain nombre de fois plus grand qu'il n'auroit été, ou fera un certain nombre de fois plus petit, fi le rapport eft une fraction ; mais elle produira le même effet fur celui des moyens; donc, puifqu'après cette multiplication, le produit des extrêmes feroit égal au produit des moyens, ces deux produits doivent auſſi être égaux ſans cette même multiplication.

On peut donc prendre le produit des extrêmes pour celui des moyens, & réciproquement.

Donc *dans la proportion continue, le produit des extrêmes eſt égal au quarré du terme moyen* ; car les deux moyens étant égaux, leur produit eſt le quarré de l'un d'eux. Donc pour avoir un moyen géométrique entre deux nombres propoſés, il faut multiplier ces deux nombres l'un par l'autre, & tirer la racine quarrée de ce produit. Ainſi pour avoir un moyen géométrique entre 4 & 9, je multiplie 4 par 9, & la racine quarrée 6 du produit 36, eſt le moyen proportionnel cherché.

179. De la propriété fondamentale de la proportion géométrique, il ſuit que ſi connoiſſant les trois premiers termes d'une proportion, on vouloit déterminer le quatrieme, il faudroit *multiplier le ſecond par le troiſieme, & diviſer le produit par le premier* ; car il eſt évident (74) qu'on auroit le quatrieme terme en diviſant le produit des deux extrêmes, par le premier terme ;

or ce produit eſt le même que celui des moyens ; donc on aura auſſi le quatriеme terme , en diviſant le produit des moyens , par le premier terme.

Ainſi ſi l'on demande quel ſeroit le quatrieme terme d'une proportion , dont les trois premiers ſeroient 3 : 8 : : 12 ; je multiplie 8 par 12 , ce qui me donne 96 que je diviſe par 3 ; le quotient 32 , eſt le quatrieme terme demandé ; en ſorte que 3 , 8 , 12 , 32 forment une proportion : en effet le premier rapport eſt $\frac{3}{8}$, & le ſecond eſt $\frac{12}{32}$ qui , (89) en diviſant les deux termes par 4 , eſt auſſi $\frac{3}{8}$.

Par un ſemblable raiſonnement , on voit qu'on peut trouver tout autre terme de la proportion lorſqu'on en connoît trois. *Si le terme qu'on veut trouver eſt un des extrêmes, il faudra multiplier les deux moyens, & diviſer par l'extrême connu : ſi au contraire on veut trouver un des moyens , il faudra multiplier les deux extrêmes , & diviſer par le terme moyen connu.*

I 80. Cett propriété de l'égalité entre le produit des extrêmes & celui des moyens , ne peut appartenir qu'à quatre quantités en proportion géométrique : en effet , ſi l'on avoit quatre quantités qui ne fuſſent point en proportion géométrique ; en multipliant les conféquens par le rap-port des deux premieres, il n'y auroit que le premier antécédent qui deviendroit égal à ſon conféquent; par exemple, ſi l'on avoit 3,12,5,10, en multipliant les conféquens 12 & 10 par la raiſon $\frac{1}{4}$ des deux premiers termes 3 & 12, on auroit 3,3,5,$\frac{10}{4}$ dans leſquels il eſt évident que le produit des extrêmes, ne peut être égal à celui des moyens; donc ces produits ne pourroient pas être égaux non plus, quand même on n'auroit pas multiplié les conféquens par la raiſon $\frac{1}{4}$: il eſt viſible que ce raiſonne-ment peut s'appliquer à tous les cas.

Donc, *ſi quatre quantités ſont telles que le produit des extrêmes ſoit égal au produit des moyens, ces quatre quantités ſont en propor-tion.*

De-là nous concluons cette ſeconde propriété des proportions.

181. *Si quatre quantités ſont en pro-portion, elles y ſeront encore ſi l'on met les extrêmes à la place des moyens, & les moyens à la place des extrêmes.*

182. La même choſe aura lieu, c'eſt-à-dire, *que la proportion ſubſiſtera ſi l'on échange les places des extrêmes, ou celles des moyens.*

En effet, dans tous ces cas, il est aisé de voir que le produit des extrêmes sera toujours égal à celui des moyens.

Ainsi la proportion 3 : 8 : : 12 : 32 peut fournir toutes les proportions suivantes par la seule permutation de ses termes.

$$3 : 8 : : 12 : 32$$
$$3 : 12 : : 8 : 32$$
$$32 : 12 : : 8 : 3$$
$$32 : 8 : : 12 : 3$$
$$8 : 3 : : 32 : 12$$
$$8 : 32 : : 3 : 12$$
$$12 : 3 : : 32 : 8$$
$$12 : 32 : : 3 : 8$$

Et il en est de même de toute autre proportion.

183. Puisqu'on peut mettre le troisieme terme à la place du second, & réciproquement, on doit en conclure *qu'on peut, sans troubler une proportion, multiplier ou diviser les deux antécédens par un même nombre, & qu'il en est de même à l'égard des conséquens;* car en faisant cette permutation, les deux antécédens de la proportion donnée formeront le premier rapport; & les deux conséquens, le second. Ainsi multiplier les deux antécédens de la premiere

proportion, revient alors, à multiplier les deux termes d'un rapport, chacun par un même nombre; ce qui (170) ne change point ce rapport. Par exemple, fi j'ai la proportion 3 : 7 :: 12 : 28 ; je puis, en divifant les deux antécédens, par 3, dire 1 : 7 :: 4 : 28, parce que, de la proportion 3 : 7 :: 12 : 28, on peut (182) conclure 3 : 12 :: 7 :: 28 : & en divifant les deux termes du premier rapport par 3, 1 : 4 :: 7 . 28, qui (182) peut être changée en 1 . 7 . . 4 . 28.

184. *Tout changement fait dans une proportion, de maniere que la fomme de l'antécédent & du conféquent, ou leur différence, foit comparée à l'antécédent ou au conféquent, de la même maniere dans chaque rapport, formera toujours une proportion.*

Par exemple, fi l'on a la proportion.

$$12 : 3 :: 32 : 8$$

on en pourra conclure les proportions fuivantes.

	12 *plus*	3 :	3 :: 32	*plus*	8 :	8
ou	12 *moins*	3 :	3 :: 32	*moins*	8 :	8
ou	12 *plus*	3 :	12 :: 32	*plus*	8 :	32
ou	12 *moins*	3 :	12 :: 32	*moins*	8 :	32

Car, fi c'eft au conféquent que l'on compare, il eft facile de voir que l'antécédent
. augmenté

augmenté ou diminué du conféquent , contiendra ce conféquent, une fois de plus, ou une fois de moins qu'auparavant ; & comme cette comparaifon fe fait de la même maniere pour le fecond rapport , qui, par la nature de la proportion , eft égal au premier , il s'enfuit néceffairement que les deux nouveaux rapports feront auffi égaux entr'eux.

Si c'eft à l'antécédent que l'on compare , le même raifonnement aura encore lieu , en concevant que dans la proportion fur laquelle on fait ce changement , on ait mis l'antécédent de chaque rapport, à la place de fon conféquent , & le conféquent à la place de l'antécédent ; ce qui eft per-mis (181).

185. Puifqu'en mettant le troifieme terme d'une proportion à la place du fe-cond , & réciproquement , il y a encore proportion (182), on doit conclure que les deux antécédens fe contiennent l'un l'autre, autant de fois que les conféquens fe contiennent auffi l'un l'autre.

Donc *la fomme des deux antécédens de toute proportion, contient la fomme des deux conféquens , ou eft contenue en elle , autant*

Arithmétique. **M**

qu'un des antécédens contient son conféquent ;
ou eft contenu en lui.

Par exemple, dans la proportion :

$$12 \; : \; 3 \; : : \; 32 \; : \; 8$$

12 plus 32 : 3 plus 8 : : 32 : 8, ce qui
eft évident.

Mais, pour s'en convaincre généralement, il n'y a qu'à faire attention que fi
le premier antécédent contient le fecond,
quatre fois, par exemple ; la fomme des
deux antécédens contiendra le fecond,
cinq fois ; & par la même raifon, la fomme
des conféquens, contiendra le fecond conféquent, 5 fois : donc la fomme des antécédens, contiendra celle des conféquens,
comme le quintuple d'un des antécédens,
contient le quintuple de fon conféquent,
c'eft-à-dire, (170) comme un des antécédens, contient fon conféquent.

On prouveroit de même, que la différence des antécédens, eft à la différence
des conféquens, comme un antécédent
eft à fon conféquent.

186. Il eft évident que la propofition
qu'on vient de démontrer, revient à celleci, fi on a deux rapports égaux, par exemple, celui de. . . 4 : 12
& celui de . . . . 7 : 21

$$\overline{\qquad\qquad}$$

11 : 33

On aura encore le même rapport, en ajoutant antécédent à antécédent, & conféquent à conféquent.

Donc, *si l'on a plufieurs rapports égaux, la fomme de tous les antécédens, eft à la fomme de tous les conféquens, comme l'un des antécédens, eft à fon conféquent.* Par exemple, fi on a les rapports égaux 4 : 12 :: 7 : 21 :: 2 : 6 ; on peut dire que 4 *plus* 7 *plus* 2, font à 12 *plus* 21 *plus* 6, comme 4 eft à 12, ou comme 7 eft à 21, &c.

Car après avoir ajouté, entr'eux, les antécédens des deux premiers rapports, & leurs conféquens auffi entr'eux, le nouveau rapport, qui, felon ce qu'on vient de voir, fera le même que chacun des deux premiers, fera auffi le même que le troifieme ; par conféquent on pourra le combiner de même avec celui-ci, & il en réfultera encore le même rapport, & ainfi de fuite.

187. On appelle *Rapport compofé*, celui qui réfulte de deux ou d'un plus grand nombre de rapports dont on multiplie les antécédens entr'eux, & les conféquens entr'eux. Par exemple, fi l'on a les deux rapports 12 : 4 & 25 : 5 ; le produit des antécédens 12 & 25, fera 300, celui des conféquens 4 & 5, fera 20, le rapport

M 2

de 300 à 20, eſt ce qu'on appelle rapport compoſé des rapports de 12 à 4, & de 25 à 5.

188. Ce rapport eſt le même que ſi l'on avoit évalué ſéparément chacun des rapports compoſans, & qu'on eût multiplié, entr'eux, les nombres qui expriment ces rapports; en effet, le rapport de 12 à 4 eſt 3, celui de 25 à 5 eſt 5; or 3 fois 5 font 15 qui eſt le rapport de 300 à 20, & on peut voir que cela eſt général, en faiſant attention que le rapport eſt meſuré (168) par une fraction qui a l'antécédent pour numérateur, & le conſéquent pour dénominateur : ainſi le rapport compoſé doit être une fraction qui ait pour numérateur le produit des deux antécédens, & pour dénominateur le produit des deux conſéquens; c'eſt donc (106) le produit des deux fractions qui expriment les rapports compoſans.

189. Si les rapports que l'on multiplie font égaux, le rapport compoſé eſt dit *rapport doublé*, ſi l'on n'a multiplié que deux rapports; *rapport triplé*, ſi l'on en a multiplié trois; *quadruplé*, ſi l'on en a multiplié quatre, & ainſi de ſuite. Par exemple, ſi l'on multiplie le rapport de

2 à 3, par celui de 4 à 6, qui lui eft égal, on aura le rapport compofé 8 : 18 qui fera dit rapport *double* du rapport de 2 à 3, ou de 4 à 6.

190. *Si l'on a deux proportions, & qu'on les multiplie par ordre ; c'eft-à-dire, le premier terme de l'une, par le premier terme de l'autre, le fecond par le fecond, & ainfi de fuite ; les quatre produits qui en réfulteront, feront en proportion.*

Car en multipliant ainfi deux propor- tions, c'eft multiplier deux rapports égaux par deux rapports égaux (172) ; donc les deux rapports compofés qui en réfultent, doivent être égaux ; donc les quatre pro- duits doivent être en proportion (172).

191. Concluons de-là que *les quarrés, les cubes, & en général les puiffances fem- blables de quatre quantités en proportion, font auffi en proportion ;* puifque, pour former ces puiffances, il ne faut que multiplier la proportion, par elle - même, plufieurs fois de fuite.

192. *Les racines quarrées, cubiques, & en général les racines femblables de quatre quantités en proportion, font auffi en propor- tion ;* car le rapport des racines quarrées des deux premiers termes, n'eft autre chofe

M 3

que la racine quarrée du rapport de ces deux termes (142 & 167) ; & il en est de même du rapport des racines quarrées des deux derniers termes : donc, puisque les deux rapports primitifs sont supposés égaux, leurs racines quarrées sont égales, donc le rapport des racines quarrées des deux premiers termes, sera égal au rapport des racines quarrées des deux derniers. On prouvera, de même, pour les racines cubique, quatrieme, &c.

Usages des Propositions précédentes.

193. Les propositions que nous venons de démontrer, & qu'on appelle les *Regles des Proportions*, ont des applications continuelles dans toutes les parties des Mathématiques. Nous nous bornerons, ici, à celles qui appartiennent à l'Arithmétique, & nous commencerons par celle qu'on peut faire de ce qui a été établi (179), & qui est la base de presque toutes les autres.

De la Regle de Trois *directe & simple.*

194. On diſtingue pluſieurs ſortes de Regles de *Trois* : elles ont toutes pour objet de faire connoître un terme d'une proportion dont on en connoît trois.

Celle qu'on appelle *Regle de trois directe & ſimple*, eſt nommée *ſimple*, parce que l'énoncé des queſtions auxquelles on l'applique, ne renferme jamais plus de quatre quantités, dont trois ſont connues, & la quatrieme eſt à trouver.

On l'appelle *directe*, parce que des quatre quantités qu'on y conſidere, il y en a toujours deux, qui non-ſeulement ſont relatives aux deux autres, mais qui en dépendent de maniere que , de même qu'une des quantités contient l'autre, ou eſt contenue en elle, de même auſſi la quantité relative à la premiere, contient la quantité relative à la ſeconde, ou eſt contenue en elle ; c'eſt-à-dire , d'une maniere plus abrégée, qu'une quantité & ſa relative peuvent toujours être , toutes deux, ou antécédens ou conſéquens dans la proportion, ce qui n'a pas lieu dans la regle de Trois inverſe, comme nous le verrons dans peu.

M 4

La méthode, pour trouver le quatrieme terme d'une proportion, & par conféquent pour faire la regle de Trois directe & fimple, eft fuffifamment expofée (179); mais il eft à propos de faire connoître, par quelques exemples, l'ufage qu'on peut faire de cette regle.

EXEMPLE I.

40 Ouvriers ont fait, en un certain tems, 268 toifes d'ouvrage; on demande combien 60 Ouvriers pourroient en faire dans le même tems?

Il eft clair que le nombre des toifes doit augmenter à proportion du nombre des Ouvriers; enforte que celui-ci devenant double, triple, quadruple, &c. le premier doit devenir aufli double, triple, quadruple, &c. Ainfi l'on voit que le nombre de toifes cherché, doit contenir les 268 toifes, autant que le nombre 60, relatif au premier, contient le nombre 40 relatif au fecond : il faut donc chercher le quatrieme terme d'une proportion qui commenceroit par ces trois-ci.......

$$40 : 60 :: 268\text{t} :$$

Ou, (en divifant ces deux premiers

termes par 20, ce qui eft permis (170)),
par ces trois autres...................

$$2 : 3 :: 268^T :$$

Ainfi, felon ce qui a été dit (179), je
multiplie 268^T, par 3 , & je divife le produit 804, par 2 ; ce qui donne pour quotient, 402^T ; & par conféquent 402^T pour
l'ouvrage que feroient les 60 Ouvriers.

E X E M P L E I I.

Un navire a fait, avec le même vent,
275 lieues en 3 jours ; on demande en
combien de tems il en feroit 2000, toutes les autres circonftances demeurant les
mêmes.

Il eft évident qu'il faut plus de tems ,
à proportion du nombre de lieues ; & que
par conféquent, le nombre de jours cherché, doit contenir 3 jours, autant que
2000 lieues contiennent 275 lieues : il
faut donc chercher le quatrieme terme
d'une proportion qui commenceroit par
ces trois-ci.......

$$275 : 2000 :: 3 :$$

Multipliant 2000 par 3 , & divifant le
produit 6000 par 275, on aura 21^{jours} $\frac{9}{11}$.

E x e m p l e   I I I.

52^T 4^P 5^p d'ouvrage ont été payées 168^{tt} 9^f 4^d ; on demande combien on doit payer pour 77^T 1^P 8_P ?

Le prix de 77^T 1^P 8_P doit contenir le prix 168^{tt} 9^f 4^d des 52^T 4^P 5^P, autant que 77^T 1^P 8_P contiennent 52^T 4^P 5^P. Il faut donc chercher le quatrieme terme d'une proportion qui commenceroit par ces trois-ci. . . . .

52^T 4^P $5^P : 77^T$ 1^P $8_P : : 168^{tt}$ 9^f 4^d :

C'eft-à-dire, qu'il faut multiplier 168^{tt} 9^f 4^d par 77^T 1^P 8_P, & divifer le produit par 52^T 4^P 5^P, ce qu'on peut faire par ce qui a été dit (122 & 128).

Mais il fera encore plus fimple de réduire les deux premiers termes à leur plus petite efpece, c'eft-à-dire, en pouces ; & la queftion fera réduite à chercher le quatrieme terme d'une proportion qui commenceroit par ces trois autres. . . . .

$3797 : 5564 : : 168^{tt}$ 9^f 4^d :

Alors multipliant 168^{tt} 9^f 4^d par 5564, on aura 937348^{tt} 10^f 8^d ; & divifant par 3797, le quotient 246^{tt} 17^f 3^d $\frac{2780}{3797}$ fera ce qu'on doit payer pour les 77^T 1^P 8_P.

S'il y avoit des fractions ; après avoir

réduit les deux termes de même espece, à leur plus petite unité, comme dans cet exemple, on simplifieroit le rapport de ces deux termes de la maniere qui a été enseignée (171).

De la Regle de Trois inverse & simple.

195. La regle de *Trois inverse & simple*, differe de la regle de Trois directe, dont nous venons de parler, en ce que, des quatre quantités qui entrent dans l'énoncé de la question pour laquelle on fait cette opération, les deux principales doivent se contenir l'une l'autre, dans un ordre tout opposé à celui des deux autres quantités qui leur sont relatives ; ensorte que, lorsque par l'examen de la question, on a donné, à ces quantités, la disposition convenable pour former une proportion, l'une des quantités principales, & sa relative, forment les extrêmes ; & l'autre quantité principale, avec sa relative, forment les moyens.

Au reste, cela n'introduit aucune dif-férence dans la maniere de faire l'opération, c'est toujours le quatrieme terme d'une proportion, qu'il s'agit de trouver ; ou du moins, on peut toujours amener la chofe à ce point.

Quelques Arithméticiens ont prefcrit, pour le cas préfent, une regle affujettie à l'énoncé de la queftion : nous ne fuivrons point leur exemple , c'eft la nature de la queftion , & non pas fon énoncé, (qui fouvent eft vicieux) , qui doit diriger dans la réfolution.

Exemple I.

30 Hommes ont fait un certain ouvrage en 25 jours ; combien faudroit-il d'hommes, pour faire le même ouvrage en 10 jours ?

On voit qu'il faut , dans ce fecond cas, d'autant plus d'hommes , que le nombre de jours eft moindre ; ainfi le nombre d'hommes cherché , doit contenir le nombre de 30 hommes , autant que le nombre 25 de jours , relatif à ceux-ci , contient le nombre 10 de jours , relatif à ceux-là. Il ne s'agit donc que de trouver le quatrieme terme d'une proportion qui commenceroit par ces trois-ci. . . . . °

$$10^j : 25^j : : 30^{hom.}$$

C'eft-à-dire, de multiplier 30 par 25, & de divifer le produit 750 par 10 ; ce qui donne 75 ou 75$^{hom.}$

EXEMPLE II.

Un Equipage n'a plus que pour 15 jours de vivres; mais les circonftances doivent lui faire tenir encore la mer pendant 20 jours; on demande à combien on doit réduire la totalité des rations, par jour?

Repréfentons par l'unité, la totalité des vivres que l'on confomme par jour ; on voit que ce à quoi on doit fe reftraindre, doit être d'autant moindre que cette unité , que le nombre 20 des jours, pendant lef-quels cette économie doit durer , eft plus grand que le nombre de 15 jours ; que par conféquent, de même que 20 jours contien-nent 15 jours, de même la totalité des vivres que l'on auroit confommés pendant chacun de ces 15 jours , doit contenir celle des vivres que l'on confommera pendant chacun des 20 jours : il faut donc chercher le quatrieme terme d'une proportion qui commenceroit par les trois fuivans. . . . . . .

$$20^j : 15^j :: 1 :$$

Ce quatrieme terme fera $\frac{15}{20}$ ou $\frac{3}{4}$; il faut donc se réduire aux $\frac{3}{4}$ de ce qu'on auroit consommé par jour.

De la Regle de Trois *composée.*

196. Dans les deux regles de Trois que nous venons d'exposer, la quantité cherchée & la quantité de même espece qui entre dans l'énoncé de la question, ont entr'elles un rapport simple & déterminé par celui des deux autres quantités qui entrent pareillement dans l'énoncé de la question.

Dans la regle de Trois composée, le rapport de la quantité cherchée à la quantité de même espece qui entre dans l'énoncé de la question, n'est pas donné par le rapport simple de deux autres quantités seulement, mais par plusieurs rapports simples qu'il s'agit de composer (187) d'après l'examen de la question.

Quand une fois ces rapports ont été composés, la regle est réduite à une regle de Trois simple : les exemples suivans vont éclaircir ce que nous disons.

EXEMPLE.

30 Hommes ont fait 132 toises d'ou-

vrage, en 18 jours, combien 54 hommes en feront-ils en 28 jours?

On voit que l'ouvrage dépend ici, non-seulement du nombre des hommes, mais encore du nombre des jours.

Pour avoir égard à l'un & à l'autre, il faut considérer que 30 hommes travaillant pendant 18 jours, ne font qu'autant que 18 fois 30 hommes; c'est-à-dire, que 540 hommes qui travailleroient pendant un jour.

Pareillement, 54 hommes travaillant pendant 28 jours, ne font qu'autant que feroient 28 fois 54 hommes, ou 1512 hommes travaillant pendant un jour.

La question est donc changée en celle-ci : 540 hommes ont fait 132 toises d'ouvrage, combien 1512 hommes en feroient-ils dans le même tems? c'est-à-dire, qu'il faut chercher le quatrieme terme d'une proportion qui commenceroit par ces trois-ci......

$$540^h : 1512^h :: 132^T :$$

Multipliant 1512 par 132, & divisant le produit, par 540, on trouvera pour réponse à la question, $369^T 3^P 7^P 2^L \frac{2}{5}$

E x e m p l e I I.

Un homme marchant 7 heures par jour, a mis 30 jours à faire 230 lieues; s'il marchoit 10 heures par jour, combien emploieroit-il de jours pour faire 600 lieues, allant toujours avec la même vîteſſe.

S'il marchoit pendant le même nombre d'heures par jour, dans chaque cas, on voit qu'il emploieroit d'autant plus de jours, qu'il y a plus de chemin à faire; mais comme il marche pendant un plus grand nombre d'heures, chaque jour, dans le ſecond cas, il lui faudroit moins de tems par cette raiſon; ainſi l'opération tient en partie à la regle de Trois directe, & en partie à la regle de Trois inverſe.

On la réduira à une regle de Trois ſimple, en conſidérant que marcher pendant 30 jours, en employant 7 heures chaque jour, c'eſt marcher pendant 30 fois 7 heures, ou 210 heures; ainſi on peut changer la queſtion en cette autre : il a fallu 210 heures pour faire 230 lieues; combien en faudra-t-il pour faire 600 lieues? Quand on aura trouvé le nombre d'heures qui satisfait à cette queſtion; en le diviſant par 10, on aura le nombre de jours

demandé

demandé, puifque l'homme, dont il s'agit, emploie dix heures par jour.

Ainfi il faut chercher le quatrieme terme de la proportion, dont les trois premiers font . . . . .

$$230^l : 600^l :: 210^h :$$

On trouvera que ce quatrieme terme eft 547 heures & $\frac{19}{23}$, lefquelles divifées par 10, nombre des heures que cet homme emploie chaque jour, donnent 54 jours & $\frac{180}{230}$ ou $54\frac{18}{23}$.

De la Regle de Société.

197. La Regle de Société eft ainfi nommée parce qu'elle fert à partager, entre plufieurs affociés, le bénéfice ou la perte réfultant de leur fociété.

Son but eft de partager un nombre propofé, en parties qui aient entr'elles des rapports donnés.

La regle que l'on donne pour cet effet, eft fondé fur ce que nous avons établi (186) : nous allons la déduire de ce principe dans l'exemple fuivant.

EXEMPLE I.

Suppofons, par exemple, qu'il s'agiffe

Arithmétique.　　　　　　　　　N

de partager 120, en trois parties qui aient entr'elles les mêmes rapports que les nombres 4, 3, 2, l'énoncé de la question fournit ces deux proportions.

4 : 3 : : la premiere partie, est à la seconde.
4 : 2 : : la premiere partie, est à la troisieme.

Ou (182) ces deux autres. . . . . . .
4 est à la premiere partie : : 3 est à la seconde.
4 est à la premiere partie : : 2 est à la troisieme.

De sorte qu'on a ces trois rapports égaux ; 4 est à la premiere partie : : 3 est à la seconde : : 2 est à la troisieme.

Or on a vu (186) que la somme des antécédens de plusieurs rapports égaux, est à la somme des conséquents, comme un antécédent est à son conséquent ; on peut donc dire ici, que la somme 9 des trois parties proportionelles à celles que l'on cherche, est à la somme 120 de celles-ci, comme l'une quelconque des trois parties proportionelles, est à la partie de 120 qui lui répond.

La regle se réduit donc, 1°. à faire une totalité des parties proportionnelles données ; 2°. à faire autant de regles de Trois, qu'il y a de parties à trouver, & dont chacune aura, pour premier terme, la somme des parties proportionnelles données ; pour second terme, le nombre proposé à diviser ; & pour troisieme terme l'une des parties proportionnelles données ; ainsi dans la question que nous avons prise pour exemple, on auroit ces trois regles de Trois à faire.

$$9 : 120 :: 4 :$$
$$9 : 120 :: 3 :$$
$$9 : 120 :: 2 :$$

Dont on trouvera (179) que les quatriemes termes sont $5\frac{1}{3}$, 40, $26\frac{2}{3}$ qui ont entr'eux les rapports demandés, & qui composent, en effet, le nombre 120.

Mais il est aisé de remarquer qu'il n'est pas absolument nécessaire de faire autant de regles de Trois qu'il y a de parties à trouver : on peut se dispenser de la derniere, en retranchant du nombre proposé, la somme des autres parties, quand on les a trouvées.

EXEMPLE II.

Trois personnes ont à partager le bénéfice de la prise d'un vaisseau. La premiere a fait un fonds de 20000^{tt}, la seconde de 60000^{tt}, la troisieme de 120000^{tt} ; on demande ce qui revient à chacune, sur la prife eftimée 800000 liv. tous frais faits.

On voit qu'il s'agit de partager 800000^{tt}, en parties, qui aient entr'elles, les mêmes rapports que 20000, 60000, 120000, ou (170) que 2, 6, 12, puifque chacun doit avoir proportionnellement à fa mife; il faut donc ajouter les trois parties proportionnelles 2, 6, 12, & faire les trois proportions fuivantes, ou feulement deux.

20 : 800000 :: 2^{tt} : la premiere partie.
20 : 800000 :: 6^{tt} : la feconde partie.
20 : 800000 :: 12^{tt} : la troifieme partie.

Ces trois parties feront 80000^{tt}, 240000^{tt}, 480000^{tt}.

La queftion pourroit être plus compliquée, & cependant être ramenée aux mêmes principes, comme dans l'exemple qui fuit.

EXEMPLE III.

Trois perfonnes ont mis en fociété; la premiere 3000^{tt}, qui ont été pendant fix mois dans la fociété; la feconde, 4000 qui y ont été pendant cinq mois; & la troifieme, 8000^{tt} qui y ont refté pendant neuf mois; combien chacun doit-il avoir fur le bénéfice qui monte à 12050^{tt}?

On réduira toutes les mifes à un

même temps, en cette maniere :

La mise de 3000^{tt} a dû produire pendant 6 mois, autant que 6 fois 3000 ou 18000^{tt}, pendant un mois.

La mise de 4000^{tt} a dû produire, pendant 5 mois, autant que 5 fois 4000^{tt} ou 20000^{tt}, pendant un mois.

Enfin la mise de 8000^{tt} a dû produire en 9 mois, autant que 9 fois 8000^{tt} ou 72000^{tt}, pendant un mois.

Ainsi la question est réduite à cette autre ; les mises des trois Associés sont 18000^{tt}, 20000, 72000^{tt}; combien revient-il à chacun sur le gain 12050^{tt}.

En procédant comme dans l'exemple ci-dessus, on trouvera 1971^{tt} 16^{s} 4^{d} $\frac{4}{11}$, 2190^{tt} 18^{s} 2^{d} $\frac{2}{11}$, 7887^{tt} 5^{s} 5^{d} $\frac{5}{11}$.

Remarque au sujet de la Regle précédente.

198. Il n'est pas inutile d'examiner un cas qui peut embarrasser les Commençans. Si l'on proposoit cette question, partager 650 en trois parties, dont la premiere soit à la seconde : : 5 : 4, & dont la premiere soit à la troisieme : : 7 : 3.

On ne peut pas appliquer, ici, la regle

N 3

précédente, fans une préparation qui con-
fifte à rendre la même, dans chaque rapport donné, la partie proportionnelle de
l'une des trois parts cherchées ; par exemple, celle de la premiere : cela s'exécute
aifément, en multipliant les deux termes
de chaque rapport, par le premier terme
de l'autre rapport ; ainfi les deux rapports 5 : 4 & 7 : 3, feront ramenés à avoir
un même premier terme, en multipliant
les deux termes du premier par 7, & les
deux termes du fecond par 5, ce qui
n'en change pas la valeur (170), & donne
les rapports 35 : 28 & 35 : 15, enforte que
la queftion fe réduit à partager 650, en
trois parties qui foient entr'elles comme
les nombres 35, 28 & 15 ; ce qui fe fera
aifément par la regle précédente.

Si l'on demandoit de partager un nombre en quatre parties, dont la premiere
fût à la feconde : : 5 : 4, la premiere à la
troifieme : : 9 : 5 ; & la premiere à la quatrieme : : 7 3 ; on réduiroit ces rapports
à avoir un même premier terme, en multipliant les deux termes de chacun par le
produit des premiers termes, des deux autres ; ainfi dans cet exemple on changeroit
ces trois rapports, en ces trois autres,

315 : 252, 315 : 175, 315 : 135; enforte que la queftion fe réduit à partager le nombre propofé, en quatre parties qui foient entr'elles comme les nombres 315, 252, 175 & 135.

De quelques autres Regles dépendantes des Proportions.

* 199. Quoique les regles fuivantes foient d'un ufage moins fréquent que les précédentes, nous ne pouvons cependant les omettre abfolument : outre qu'elles ne font pas fans utilité par elles-mêmes, elles font d'ailleurs propres à faire fentir les ufages des proportions.

200. La premiere dont nous parlerons, eft la Regle *d'une fauffe pofition*. On l'applique fouvent à réfoudre des queftions, qui appartiennent à la regle de Société, dont elle differe en ce qu'au lieu de prendre les parties proportionnelles telles qu'elles font données par l'énoncé de la queftion, elle en prend une arbitrairement, & y fubordonne les autres conformément à la queftion ; ce qui rend le calcul un peu plus facile.

EXEMPLE I.

Partager 640tt, à trois perfonnes, dont la feconde ait le quadruple de la premiere, & la troifieme deux fois & $\frac{1}{3}$, autant que les deux autres enfemble.

Je prends arbitrairement, pour repréfenter la premiere partie, le nombre 3, dont je puis prendre commodément le $\frac{1}{3}$.

La premiere partie étant 3, la feconde fera 12, & la troifieme 35.

La queftion eft réduite à partager 640 ; en trois parties qui foient entr'elles comme les trois nombres 3, 12 &35, ce qui fe fera comme il a été dit (197).

La regle de fauffe pofition fert auffi à réfoudre des

queſtions qui ſont, en quelque façon, l'inverſe de celles de la regle de Société ; puiſqu'il s'agit de revenir de la ſomme de quelques parties d'un nombre, à ce nombre même, comme dans l'exemple qui ſuit.

E x e m p l e I I.

On demande de trouver un nombre dont le $\frac{1}{3}$, le $\frac{1}{5}$ & les $\frac{3}{7}$ faſſent 808. Je prends un nombre dont je puiſſe avoir commodément le $\frac{1}{3}$, le $\frac{1}{5}$ & les $\frac{3}{7}$; (ce qui eſt facile en multipliant les trois dénominateurs). Ce nombre ſera 105 ; j'en prends le $\frac{1}{3}$ qui eſt 35, le $\frac{1}{5}$ qui eſt 21, & les $\frac{3}{7}$ qui ſont 45 ; j'ajoute ces trois nombres, & j'ai 101 qui eſt compoſé des parties de 105, de la même maniere que 808 l'eſt de celles du nombre en queſtion ; donc le nombre en queſtion doit avoir même rapport à 808, que 105 à 101 ; il doit donc être le quatrieme terme d'une proportion qui commenceroit par ces trois-ci . . . .

$$101 : 105 :: 808 :$$

Ce quatrieme terme eſt 840, dont 808 renferme en effet le $\frac{1}{3}$ le $\frac{1}{5}$ & les $\frac{3}{7}$.

201. La ſeconde regle dont nous parlerons, eſt celle de deux fauſſes poſitions.

Elle ſert dans les queſtions où il s'agit de partager, non pas le nombre même propoſé, mais ſeulement une partie de ce nombre, en parties proportionnelles à des nombres donnés ; l'exemple ſuivant fera connoître la regle & ſon uſage.

E x e m p l e I I I.

Il s'agit de partager 6954^{tt}, entre trois perſonnes, de maniere que la ſeconde ait autant que la premiere, & 54^{tt} de plus ; & que la troiſieme ait autant que les deux autres enſemble, & 78^{tt} de plus.

Sans les 54 & 78^{tt}, il eſt clair qu'il ne s'agiroit que de partager le nombre propoſé, en parties proportionnelles aux nombres 1, 1 & 2 ; mais puiſqu'il faut prélever ſur la ſomme, 54^{tt} pour la ſeconde perſonne, & 54^{tt} plus 78^{tt} pour la troiſieme ; il eſt évident qu'il n'y a qu'une partie du nombre propoſé, qu'on doit partager en parties proportionnelles à 1, 1 & 2 : comme cette partie qui est facile à trouver dans l'exemple actuel, peut être plus difficile à appercevoir dans d'autres circonstances, on suit la méthode que voici.

Supposons, pour la premiere part, tel nombre que nous voudrons, par exemple, 1^{tt} ; la seconde part sera 1^{tt} plus 54^{tt} ; c'est-à-dire, 55^{tt} ; & la troisieme sera 1^{tt} plus 55^{tt} plus 78^{tt} ; c'est-à-dire, 134 : la totalité de ces parts est 190^{tt}.

S'il n'eût été question que de partager en parties proportionnelles à 1, 1 & 2 ; la premiere part étant toujours supposée 1^{tt}, la seconde seroit 1^{tt}, la troisieme seroit 2^{tt}, & la totalité seroit 4^{tt}, dont la différence avec 190^{tt}, c'est-à-dire, 186^{tt}, est ce qu'il faut prélever sur la somme proposée 6954^{tt}, ce qui la réduit à 6768 ; il reste donc à partager 6768^{tt} en parties proportionnelles à 1, 1 & 2, selon les regles ci-dessus ; & ayant trouvé que la premiere partie est 1692^{tt}, on en conclura que les deux autres parts demandées sont 1746^{tt} & 3516^{tt} ; en effet la totalité de ces trois parts est 6954^{tt}.

202. On trouve encore, chez les Arithméticiens, plusieurs autres regles qui ne sont autre chose que l'application des regles de Trois, à différentes questions telles que les questions d'*Intérêt*, de *Change*, d'*Escompte*, &c.

Nous n'entrerons pas dans ces détails qui ne peuvent avoir de difficulté pour ceux qui, ayant bien saisi les principes établis ci-dessus, auront en même temps l'état de la question présent à l'esprit. Nous nous bornerons à un seul exemple.

Une personne a fait à un Marchand, un billet de 2854^{tt}, payable dans un an ; elle vient acquitter son billet au bout de 7 mois, & le Marchand consent de diminuer, pour les 5 mois restants, les intérêts qui ont été compris dans le billet, à raison de 6 pour 100 pour 12 mois ; on demande pour quelle somme le Marchand doit rendre ce billet.

Puisque 12 mois produisent 6 pour 100 d'intérêt, 7 mois ont dû produire un intérêt qu'on trouvera en cherchant le quatrieme terme d'une proportion, dont les trois premiers sont . . . .

12 : 7 : : 6 :

Ce quatrieme terme sera $\frac{42}{12}$ ou $3\frac{1}{2}$. Or, quand l'intérêt a été pris à 6 pour 100, on a compté pour 106^{tt}, ce qui ne valoit que 100; donc quand l'intérêt est à $3\frac{1}{2}$, on compte pour $103\frac{1}{2}$, ce qui ne vaut que ·00; il faut donc actuellement que ce qui devoit être payé 106, ne soit plus payé que $103\frac{1}{2}$. Ainsi la somme cherchée doit être le quatrieme terme d'une proportion, dont les trois premiers sont . . .

$$106 : 103\tfrac{1}{2} :: 2854^{tt} :$$

Ce quatrieme terme qui est :786^{tt} 13^{f} 9^{d} $\frac{30}{106}$ ou $\frac{15}{53}$, est la somme que le débiteur doit donner pour retirer son billet.

De la Regle d'Alliage.

2 0 3. Les questions qui appartiennent à cette regle, sont de deux sortes.

Dans l'une il s'agit de trouver la valeur moyenne de plusieurs sortes de choses, dont le nombre & la valeur particuliere de chacune, sont connus.

Dans la seconde, il s'agit de connoître les quantités de chaque espece de choses qui entrent dans un ou plusieurs mélanges, lorsqu'on connoît le prix ou la valeur de chaque espece, & le prix ou la valeur totale de chaque mélange.

Nous réservons les questions de la seconde sorte, pour servir d'application dans l'Algebre.

Quant aux questions de la premiere, voici la regle pour les résoudre.

Multipliez la valeur de chaque espece de choses, par le nombre des choses de cette efpece ; ajoutez tous les produits, & divifez la fomme, par le nombre total des chofes de toutes les efpeces.

EXEMPLE.

On emploie 200 Ouvriers, dont 50 font payés à raifon de 40 fols par jour, 70 à raifon de 30 fols, 50 à raifon de 25 fols : & 30 à raifon de 20 fols ; à combien chaque Ouvrier revient-il par jour, l'un portant l'autre ?

50 Ouvriers à 40^f par jour font une dépenfe de . . . . . 2000^f

70 à 30^f 2100

50 à 25 1250

30 à 20 600

$$\overline{5950^f}$$

La dépenfe des 200 Ouvriers eft donc de 5950^f par jour ; & par conféquent, (en divifant par 200), chaque Ouvrier revient, l'un portant l'autre, à 29^f 9^d par jour. Les autres queftions de cette efpece font fi faciles à réfoudre d'après cet exemple, que nous croyons à propros de ne pas infifter fur cette matiere.

Des Progreſſions Arithmétiques.

204. La progreſſion Arithmétique eſt
une ſuite de termes dont chacun ſurpaſſe
celui qui le précede, ou en eſt ſurpaſſé,
de la même quantité.

Par exemple, cette ſuite. . . . .
÷ 1 . 4 . 7 . 10 . 1 . . 16 . 19 . 22 . 25 , &c.
eſt une progreſſion Arithmétique ; parce
que chaque terme v ſurpaſſe celui qui le
précede, d'une même quantité qui eſt
ici 3.

Les deux points ſéparés par une barre
qu'on voit ici à la tête de la Progreſſion,
ſont deſtinés à marquer qu'en énonçant
cette Progreſſion, on doit répéter chaque
terme ; excepté le premier & le dernier,
en cette maniere, 1 *eſt à* 4, comme 4 *eſt*
à 7 ; *comme* 7 *eſt à* 10, &c.

La Progreſſion eſt dite *croiſſante* ou *dé-*
croiſſante, ſelon que les termes vont en
augmentant ou en diminuant ; mais comme les propriétés de l'une & de l'autre
ſont les mêmes, en changeant ſeulement
les mots *plus* en *moins*, ou *ajouter* en *ſouſ-*
traire, nous la conſidérerons ici uniquement
comme croiſſante.

205. On voit donc, d'après la définition de la Progreſſion Arithmétique, qu'avec le premier terme & la différence commune, ou la raiſon de la Progreſſion, on peut former tous les autres termes, en ajoutant conſécutivement cette raiſon; & que par conſéquent :

Le ſecond terme eſt compoſé du premier, plus la raiſon.

Le troiſieme compoſé du ſecond, plus la raiſon, & par conſéquent du premier, plus deux fois la raiſon.

Le quatrieme eſt compoſé du troiſieme, plus la raiſon ; & par conſéquent, du premier, plus trois fois la raiſon, & ainſi de ſuite.

206. De ſorte qu'on peut dire, en général, qu'*un terme quelconque d'une Progreſſion Arithmétique, eſt compoſé du premier, plus autant de fois la raiſon qu'il y a de termes avant lui.*

207. Donc ſi le premier terme étoit zéro, tout autre terme de la Progreſſion feroit égal à autant de fois la raiſon, qu'il y auroit de termes avant lui.

208. Ce principe peut avoir les deux applications ſuivantes.

1°. Il ſert à trouver un terme quelconque d'une Progreſſion , ſans qu'on ſoit obligé de calculer ceux qui le précédent : qu'on demande , par exemple , quel ſeroit le 100ᵉ terme de cette Progreſſion. ...

$$\dot{\div} 4 : 9 : 14 : 19 : 24 , \&c.$$

Puiſque ce terme cherché doit être le centieme , il a donc 99 termes avant lui; il eſt donc compoſé du premier terme 4 & de 99 fois la raiſon 5 ; il eſt donc 4 plus 495 , c'eſt-à-dire, 499.

209. 2°. Ce même principe ſert à lier deux nombres quelconques , par une ſuite de tant d'autres nombres qu'on voudra , de maniere que le tout, forme une Progreſſion Arithmétique ; ce qu'on appelle *inférer* entre deux nombres donnés , pluſieurs *moyens proportionnels arithmétiques* , ou ſimplement pluſieurs *moyens arithmétiques*.

Par exemple , on peut lier 1 & 7 , par cinq nombres qui faſſent une Progreſſion Arithmétique avec 1 & 7 ; ces nombres ſont 2 , 3 , 4 , 5 , 6 ; mais comme il n'eſt pas toujours aiſé de vóir , du premier coup d'œil , quels doivent être ces nombres , voici comment on peut les trouver à l'aide du principe que nous venons de poſer.

Il ne s'agit que de trouver la raiſon

qui doit régner dans cette Progreſſion.

Or le plus grand des deux nombres propoſés, devant être le dernier terme de la Progreſſion, doit être compoſé du premier, c'eſt-à-dire, du plus petit de ces deux nombres ; plus autant de fois la raiſon qu'il y a de termes avant lui ; donc ſi du plus grand de ces deux nombres, **on retranche le plus petit**, le reſte ſera compoſé d'autant de fois la raiſon qu'il doit y avoir de termes avant le plus grand ; c'eſt-à-dire, qu'il eſt le produit de la multiplication de cette raiſon par le nombre des termes qui précédent le plus grand ; donc (74) ſi l'on diviſe ce reſte, par le nombre des termes qui doivent précéder le plus grand, on aura cette raiſon.

Or le nombre des termes qui doivent précéder le plus grand, eſt plus grand d'une unité que les nombres des moyens qu'on veut inférer entre les deux ; donc, *pour inférer, entre deux nombres donnés, tant de moyens arithmetiques qu'on voudra, il faut retrancher le plus petit de ces deux nombres, du plus grand ; & diviſer le reſte, par le nombre des moyens augmenté d'une unité.* Le quotient ſera la différence ou la raiſon qui doit régner dans la Progreſſion.

Par exemple, fi entre 4 & 11, on demande d'inférer 8 moyens arithmétiques ; je retranche 4 de 11, il me reste 7 que je divife par 9, nombre des moyens augmenté de l'unité, le quotient $\frac{7}{9}$ eft la différence qui doit régner dans la Progreffion qui fera par conféquent. . . . .

$$\div \; 4 \cdot 4\tfrac{7}{9} \cdot 5\tfrac{5}{9} \cdot 6\tfrac{3}{9} \cdot 7\tfrac{1}{9} \cdot 7\tfrac{8}{9} \cdot 8\tfrac{6}{9} \cdot 9\tfrac{4}{9} \cdot$$
$$10\tfrac{2}{9} \cdot 11.$$

Pareillement, fi l'on demandoit neuf moyens arithmétiques entre 0 & 1, retranchant 0 de 1, il refte 1 qu'il faudroit divifer par 10, nombre des moyens augmenté de l'unité ; ce qui donne $\frac{1}{10}$ ou 0, 1 pour la raifon. Et par conféquent la Progreffion fera $\div$ 0. 0, 1. 0, 2. 0, 3. 0, 4. 0, 5. 0, 6. 0, 7. 0, 8. 0, 9. 1.

210. On voit par-là, qu'entre deux nombres, fi voifins qu'ils puiffent être l'un de l'autre, on peut toujours inférer tant de moyens arithmétiques qu'on voudra.

Nous n'en dirons pas davantage fur les Progreffions Arithmétiques que nous ne traitons ici que par rapport aux Logarithmes dont nous parlerons plus bas ; nous aurons occafion d'y revenir ailleurs.

Des

Des Progreffions Géométriques.

211. La Progreffion Géométrique eft une fuite de termes dont chacun contient celui qui le précede, ou eft contenu en lui, le même nombre de fois. Par exemple cette fuite......................
÷ 3 : 6 : 12 : 24 : 48 : 96 : 192
eft une Progreffion Géométrique ; parce que chaque terme contient celui qui le précede, le même nombre de fois qui eft ici 2.

Ce nombre de fois eft ce qu'on appelle *la raifon* de la Progreffion.

Les quatre points qui précedent la Progreffion, ont la même fignification que les deux points qui précedent la Progreffion Arithmétique (204). Mais on en met quatre pour avertir que la Progreffion eft Géométrique.

La Progreffion eft dite *croiffante* ou *dé-croiffante*, felon que les termes vont en augmentant ou en diminuant.

Nous confidérerons toujours la Progreffion Géométrique, comme croiffante, parce que les propriétés font les mêmes dans l'une & dans l'autre, en changeant le mot *Arithmétique.*   O de *multiplier* en celui de *divifer*, & celui de *contenir*, en ceux de *être contenu*.

Puifque le fecond terme contient le premier, autant de fois qu'il y a d'unités dans la raifon, il eft donc compofé du premier multiplié par la raifon.

Puifque le troifieme terme contient le fecond, autant de fois qu'il y a d'unités dans la raifon, il eft donc compofé du fecond multiplié par la raifon, & par conféquent du premier multiplié par la raifon, & encore multiplié par la raifon; c'eft-à-dire, du premier multiplié par le quarré, ou la feconde puiffance de la raifon.

Puifque le quatrieme terme contient le troifieme, autant de fois qu'il y a d'unités dans la raifon, il eft donc compofé du troifieme multiplié par la raifon, & par conféquent du premier multiplié par le quarré de la raifon, & encore multiplié par la raifon; c'eft-à-dire, multiplié par le cube, ou la troifieme puiffance de la raifon.

Par exemple, dans *la Progreffion ci-deffus*; 6 eft compofé du premier terme 3 multiplié par la raifon 2; 12 eft compofé du premier terme 3 multiplié par le quarré 4 de la raifon 2; 24 eft compofé du premier terme 3 multiplié par le cube 8 de la raifon 2.

212. En continuant le même raifonnement, on voit qu'*un terme quelconque de la Progreffion Géométrique, eft compofé du premier multiplié par la raifon élevée à une puiffance marquée par le nombre des termes qui précedent ce terme quelconque.*

Donc, fi le premier terme de la Progreffion eft l'unité, chaque autre terme fera formé de la raifon même élevée à une puiffance marquée par le nombre des termes qui le précedent ; car la multiplication par le premier terme qui eft l'unité, n'augmente point le produit.

Pour élever un nombre à une puiffance propofée ; à la feptieme, par exemple, il faut, fuivant l'idée que nous avons donnée des puiffances, multiplier ce nombre par lui-même, fix fois confécutives ; ainfi pour élever 2 à la feptieme puiffance, je dirois 2 fois 2 font 4, 2 fois 4 font 8, 2 fois 8 font 16, 2 fois 16 font 32, 2 fois 32 font 64, 2 fois 64 font 128, qui feroit la feptieme puiffance de 2 ; mais on peut abréger l'opération en diverfes manieres ; par exemple, je puis d'abord quarrer 2, ce qui fait 4, cuber ce 4, ce qui donne 64, & le multiplier par 2, ce qui fait 128; ou bien je puis cuber 2, ce qui donne 8, quarrer 8, ce qui donne 64, & multiplier 64 par 2, ce qui donne 128; en un mot, peu importe de quelle façon on s'y prenne, pourvu que 2 se trouve 7 fois facteur dans le produit.

213. Le principe que nous venons de poser (212) sur la formation d'un terme quelconque de la Progression, & la remarque que nous venons de faire, peuvent servir à calculer tel terme qu'on voudra de la Progression, sans être obligé de calculer ceux qui le précedent : si l'on demande, par exemple, quel seroit le douzieme terme de la Progression . . . . .

$$\div\; 3 : 6 : 12 : 24,\; \&c.$$

Comme je sais (212) que ce douzieme terme doit être composé du premier, multiplié par la raison élevée à une puissance marquée par le nombre des termes qui précedent ce douzieme, je vois que, pour le former, il faut multiplier 3 par la onzieme puissance de la raison 2; pour former cette onzieme puissance, je cube 2, ce qui me donne 8, je cube 8, ce qui me donne 512 pour la neuvieme puissance,

& enfin je multiplie 512, neuvieme puiſſance de la raiſon, par 4, ſeconde puiſſance,
& j'ai 2048 pour la onzieme puiſſance de 2;
je multiplie donc 2048 par 3, & j'ai 6144
pour le douzieme terme de la Progreſſion.

214. Une autre application qu'on peut
faire du même principe; c'eſt pour trouver tant de moyens proportionnels géométriques qu'on voudra, entre deux
nombres donnés. Si l'on demandoit trois
moyens géométriques entre 4 & 64; avec
un peu d'attention, on voit que ces trois
moyens géométriques ſont 8, 16, 32;
en effet ÷ 4 : 8 : 16 : 32 : 64 forment
une Progreſſion Géométrique; mais ſi l'on
propoſoit d'autres nombres que 4 & 64,
ou que l'on demandât tout autre nombre
de moyens géométriques, on ne les trouveroit pas auſſi facilement.

Or voici comment on peut les trouver
en vertu du principe dont il s'agit.

La queſtion ſe réduit à trouver la raiſon
qui doit régner dans la Progreſſion; parce
que, quand elle ſera trouvée, on formera
aiſément les termes, par des multiplications ſucceſſives par cette raiſon.

Qu'il ſoit queſtion, par exemple, de
trouver neuf moyens géométriques entre
2 & 2048.   O 3

2048 fera donc le dernier terme d'une Progreſſion Géométrique qui commence par 2 , & qui doit avoir neuf termes entre le premier & le dernier. 2048 eſt donc compoſé du premier terme 2 multiplié par la raiſon élevée à une puiſſance marquée par le nombre des termes qui doivent précéder 2048 ; donc (69) , ſi l'on diviſe 2048 par le premier terme , le quotient ſera la raiſon élevée à une puiſſance marquée par le nombre des termes qui doivent précédes 2048 ; donc en cherchant quelle eſt la racine de cette puiſſance , on aura la raiſon : or cette puiſſance doit être la dixieme , puiſque devant y avoir neuf termes entre 2 & 2048 , il y en a néceſſairement dix avant 2048 : donc il faut extraire la racine dixieme du quotient qu'aura donné le plus. grand nombre 2048 diviſé par le plus petit 2.

215. Comme on peut faire le même raiſonnement dans tous les cas , concluons donc en général que , *pour inſèrer entre deux nombres donnés , tant de moyens géométriques qu'on voudra ; il faut diviſer le plus grand de ces deux nombres par le plus petit, ce qui donnera un quotient ; on extraira, de ce quotient, une racine du degré marqué par*

le nombre des moyens augmenté de l'unité.

Ainſi, pour revenir à notre exemple, je diviſe 2048 par 2 ; ce qui me donne 1024, dont je cherche la racine dixieme *, elle eſt 2 ; donc la raiſon eſt 2 : ainſi pour former les moyens en queſtion, je multiplie le premier terme 2 continuellement par la raiſon 2 ; & après avoir formé neuf moyens, je retombe ſur 2048, comme on le voit ici............................

— 2 : 4 : 8 : 16 : 32 : 64 : 128 : 256 : 512 : 1024 : 2048.

Pareillement, ſi l'on demandoit de trouver quatre moyens géométriques entre 6 & 48, je diviſerois 48 par 6, & du quotient 8 je tirerois la racine cinquieme ; comme 8 n'a pas de racine cinquieme exacte, on ne peut jamais aſſigner exactement en nombres, quatre moyens géomé-

---

* Nous n'avons pas donné de méthode pour extraire la racine dixieme d'un nombre ; mais il en eſt de celle-ci comme de la racine quarrée & de la racine cubique : la racine quarrée ne doit avoir qu'un chiffre, lorſque le nombre propoſé n'en a pas plus de deux ; la racine cubique ne doit avoir qu'un chiffre, lorſque le nombre propoſé n'en a pas plus de trois ; pareillement la racine dixieme n'aura jamais qu'un chiffre, tant que le nombre propoſé n'en aura pas plus de dix ; il en eſt de même pour les autres racines ; la trentieme, par exemple, n'aura qu'un chiffre, ſi le nombre propoſé n'a pas plus de trente chiffres ; cela ſe démontre comme on l'a fait pour la racine quarrée & la racine cubique.

triques entre 6 & 48 ; mais on peut approcher de cette racine , fi près qu'on le voudra , par une méthode analogue à celles de la racine quarrée & de la racine cubique , & que nous ferons connoître dans l'Algebre. En attendant , il fuffit qu'on conçoive qu'il eſt poſſible de trouver un nombre qui , multiplié quatre fois de fuite par lui-même, approche de plus en plus de reproduire 8 ; & qu'il en eſt de même pour tout autre nombre & pour toute autre racine ; & de-là nous conclurons qu'entre deux nombres quelconques, on peut toujours trouver tant de moyens géométriques qu'on voudra , ſoit exactement, ſoit par une approximation pouſſée à tel degré qu'on voudra , & c'eſt tout ce qu'il nous faut pour paſſer aux Logarithmes.

Des Logarithmes.

2 1 6. Les *Logarithmes* ſont des nombres en Progreſſion Arithmétique, qui répondent, terme pour terme , à une pareille ſuite de nombres en Progreſſion Géométrique. Si l'on a , par exemple , la Progreſſion Géométrique & la Progreſſion Arithmétique ſuivantes.............

$$\div 2 : 4 : 8 : 16 : 32 : 64 : 128 : 256, \&c.$$
$$\div 3. 5. 7. 9. 11. 13. 15. 17. \&c.$$

Chaque terme de la fuite inférieure, eſt dit le logarithme du terme qui eſt à pareille place dans la fuite fupérieure.

217. Un même nombre peut donc avoir une infinité de logarithmes différens, puiſqu'à la même Progreſſion Géométrique on peut faire correſpondre une infinité de Progreſſions Arithmétiques différentes. Comme nous ne conſidérons ici les logarithmes, que par rapport à l'uſage qu'on peut en faire dans les calculs numériques, nous ne nous arrêterons pas à conſidérer les différentes progreſſions Géométriques & Arithmétiques qu'on pourroit comparer entr'elles ; nous paſſons tout de ſuite à celles qu'on a conſidérées dans la formation des tables de logarithmes.

218. On a choiſi pour Progreſſion Géométrique, la Progreſſion décuple ; & pour Progreſſion Arithmétique, la ſuite naturelle des nombres, c'eſt-à-dire, qu'on a choiſi les deux Progreſſions ſuivantes.....

$$\div 1 : 10 : 100 : 1000 : 10000 : 100000 : 1000000$$
$$\div 0. 1. 2. 3. 4. 5. 6$$

219. Ainſi il ſera toujours aiſé de

reconnoître quel eſt le logarithme de l'u-
nité ſuivie de tant de zéros qu'on voudra,
il a toujours autant d'unités qu'il y a de
zéros à la ſuite de cette unité.

Nous n'enſeignerons pas ici la méthode
qu'on a ſuivie pour trouver les logarithmes des termes intermédiaires de la Progreſſion décuple ; elle dépend de principes
que nous ne pouvons expoſer ici ; mais
nous allons expliquer leur formation par
une voie, qui, à la vérité, ne ſeroit pas
la plus expéditive pour calculer ces logarithmes, mais qui ſuffit, tant pour concevoir cette formation, que pour rendre
raiſon des uſages auxquels on emploie ces
nombres artificiels.

220. D'après la définition que nous
avons donnée des logarithmes, on voit
que pour avoir le logarithme d'un nombre quelconque, de 3, par exemple, il
faut que ce nombre puiſſe faire partie de la
Progreſſion Géométrique fondamentale.
Or, quoiqu'on ne voie pas que 3 puiſſe
faire partie de la Progreſſion Géométrique
$\div$ 1 : 10 : 100, &c. cependant on voit
que ſi entre 1 & 10, on inféroit un très-
grand nombre de moyens géométriques
(214) comme on monteroit alors de 1

à 10 par des degrés d'autant plus ferrés que le nombre de ces moyens feroit plus grand, il arriveroit de deux chofes l'une, ou que quelqu'un de ces moyens fe trouveroit être précifément le nombre 3 ; ou que du moins, il s'en trouveroit deux confécutifs, entre lefquels le nombre 3 feroit compris, & dont chacun différeroit d'autant moins de 3, que le nombre des moyens inférés feroit plus grand.

Cela pofé, fi l'on inféroit pareillement entre 0 & 1 autant de moyens arithmétiques qu'on a inféré de moyens géométriques entre 1 & 10, chaque terme de la Progreffion Géométrique ayant pour logarithme, le terme correfpondant de la Progreffion Arithmétique, on prendroit dans celle-ci, pour logarithme de 3, le nombre qui s'y trouveroit à pareille place que 3 fe trouve dans la Progreffion Géométrique ; ou fi 3 n'étoit pas exactement quelqu'un des termes de celle-ci, on prendroit dans la Progreffion Arithmétique, le terme qui répondroit à celui de la Progreffion Géométrique, qui approche le plus du nombre 3.

C'eft ainfi qu'on pourroit s'y prendre en effet, fi l'on n'avoit pas de moyens plus expéditifs; quoi qu'il en foit, c'eſt à cela que revient le calcul des logarithmes.

221. Il faut donc ſe repréſenter qu'ayant inféré 1000000 moyens géométriques entre 1 & 10, pareil nombre entre 10 & 100, pareil nombre entre 100 & 1000, &c. on a inféré auſſi pareil nombre de moyens arithmétiques entre 0 & 1, pareil nombre entre 1 & 2, pareil nombre entre 2 & 3; qu'ayant rangé tous les premiers ſur une même ligne, & tous les ſeconds au-deſſous, on a cherché dans la premiere, le nombre le plus approchant de 2; & on a pris dans la ſuite inférieure, le nombre correſpondant; qu'on a cherché de même dans la premiere, le nombre le plus approchant de 3, & qu'on a pris dans la ſuite inférieure, le nombre correſpondant; qu'on en a fait de même, ſucceſſivement, pour les nombres 4, 5, 6, &c. qu'enfin ayant tranſporté dans une même colonne, comme on le voit dans la Table ci-jointe, les nombres 1, 2, 3, 4, 5, &c. on a écrit dans une colonne à côté, les termes de la Progreſſion Arithmétique, qu'on a trouvés correſpondans à ceux-là, ou du moins à ceux qui en approchoient le plus; alors

on aura l'idée de la formation des logarithmes , & de leur difpofition dans les Tables ordinaires.

Table des Logarithmes des Nombres naturels depuis 1 jufqu'à 200.

Nombres.	Logarith.	Nombres.	Logarith.	Nombres.	Logarith.	Nombres.	Logarith.
0	Infini nég.	30	1,477121	60	1,778151	90	1,954243
1	0,000000	31	1,491362	61	1,785330	91	1,959041
2	0,301030	32	1,505150	62	1,792392	92	1,963788
3	0,477121	33	1,518514	63	1,799341	93	1,968483
4	0,602060	34	1,531479	64	1,806180	94	1,973128
5	0,698970	35	1,544068	65	1,812913	95	1,977724
6	0,778151	36	1,556303	66	1,819544	96	1,982271
7	0,845098	37	1,568202	67	1,826075	97	1,986772
8	0,903090	38	1,579784	68	1,832509	98	1,991226
9	0,954243	39	1,591065	69	1,838849	99	1,995635
10	1,000000	40	1,602060	70	1,845098	100	2,000000
11	1,041393	41	1,612784	71	1,851258	101	2,004321
12	1,079181	42	1,623249	72	1,857332	102	2,008600
13	1,113943	43	1,633468	73	1,863323	103	2,012837
14	1,146128	44	1,643453	74	1,869232	104	2,017033
15	1,176091	45	1,653213	75	1,875061	105	2,021189
16	1,204120	46	1,662758	76	1,880814	106	2,025306
17	1,230449	47	1,672098	77	1,886491	107	2,029384
18	1,255273	48	1,681241	78	1,892095	108	2,033424
19	1,278754	49	1,690196	79	1,897627	109	2,037426
20	1,301030	50	1,698970	80	1,903090	110	2,041393
21	1,322219	51	1,707570	81	1,908485	111	2,045323
22	1,342423	52	1,716003	82	1,913814	112	2,049218
23	1,361728	53	1,724276	83	1,919078	113	2,053078
24	1,380211	54	1,732394	84	1,924279	114	2,056905
25	1,397940	55	1,740363	85	1,929419	115	2,060698
26	1,414973	56	1,748188	86	1,934498	116	2,064458
27	1,431364	57	1,755875	87	1,939519	117	2,068186
28	1,447158	58	1,763428	88	1,944483	118	2,071882
29	1,462398	59	1,770852	89	1,949390	119	2,075547
30	1,477121	60	1,778151	90	1,954243	120	2,079181

Nombres.	Logarith.	Nombres.	Logarith.	Nombres.	Logarith.	Nombres.	Logarith.
120	2,079181	140	2,146128	160	2,204120	180	2,255273
121	2,082785	141	2,149219	161	2,206826	181	2,257679
122	2,086360	142	2,152288	162	2,209515	182	2,260071
123	2,089905	143	2,155336	163	2,212188	183	2,262451
124	2,093422	144	2,158362	164	2,214844	184	2,264818
125	2,096910	145	2,161368	165	2,217484	185	2,267172
126	2,100371	146	2,164353	166	2,220108	186	2,269513
127	2,103804	147	2,167317	167	2,222716	187	2,271842
128	2,107210	148	2,170262	168	2,225309	188	2,274158
129	2,110590	147	2,173186	169	2,227887	189	2,276462
130	2,113943	150	2,176091	170	2,230449	190	2,278754
131	2,117271	151	2,178977	171	2,232996	191	2,281033
132	2,120574	152	2,181844	172	2,235528	192	2,283301
133	2,123852	153	2,184691	173	2,238046	193	2,285557
134	2,127105	154	2,187521	174	2,240549	194	2,287802
135	2,130334	155	2,190332	175	2,243038	195	2,290035
136	2,133539	156	2,193125	176	2,245513	196	2,292256
137	2,136721	157	2,195900	177	2,247973	197	2,294466
138	2,139879	158	2,198657	178	2,250420	198	2,296665
139	2,143015	159	2,201397	179	2,252853	199	2,298853
140	2,146128	160	2,204120	180	2,255273	200	2,301030

Les Logarithmes renfermés dans cette Table, n'ont que fix chiffres après la virgule ; ils en ont fept dans les Tables ordinaires ; mais cette différence ne nuit en rien à l'ufage que nous en ferons ci-après.

222. Remarquons au fujet de cette Table, que le premier chiffre de la gauche de chaque logarithme, s'appelle la *Caractériftique* ; parce que c'eft par ce chiffre qu'on peut juger dans quelle décade eft compris le nombre auquel appartient ce logarithme ; par exemple, fi un nombre a pour caractériftique 3, je fais qu'il appartient à des mille, parce que le loga-

rithme de 1000 eſt 3 , & que celui de 10000 étant 4 , tout nombre depuis 1000 juſqu'à 10000 ne peut avoir pour logarithme que 3 & une fraction ; il a donc 3 pour caractériſtique , & les autres chiffres expriment cette fraction réduite en décimales.

Propriétés des Logarithmes.

223. Comme il ne s'agit ici que des logarithmes tels qu'ils ſont dans les Tables ordinaires , les propriétés que nous allons expoſer , ne regardent qué les Progreſſions Géométriques qui ont l'unité pour premier terme ; & les Progreſſions Arithmétiques qui ont zéro pour premier terme.

Comparons donc encore , terme à terme , une Progreſſion Géométrique quelconque , mais dont le premier terme ſoit l'unité , avec une Progreſſion Arithmétique auſſi quelconque , mais dont le premier terme ſoit zéro ; par exemple , les deux Progreſſions ſuivantes . . . .
÷ 1 : 3 : 9:27:81:243:729:2187:6561 , &c.
÷ 0.4.8.12.16.20.24. 28 . 32 , &c.

Il ſuit de la nature & de la correſpondance parfaite de ces deux Progreſſions ; qu'autant de fois la raiſon de la premiere eſt facteur dans l'un quelconque des termes de cette Progreſſion , autant de fois la raiſon de la ſeconde eſt contenue dans le terme correſpondant de cette ſeconde ; par exemple , dans le terme 2187 , la raiſon 3 eſt ſept fois facteur , & dans le terme 28 , la raiſon 4 eſt contenue ſept fois.

En effet , ſelon ce qui a été dit (206 & 212) , la raiſon eſt facteur dans un terme quelconque de la premiere , autant de fois qu'il y a de termes avant celui-là ; & dans la ſeconde , un terme quelconque eſt compoſé d'autant de fois la raiſon qu'il y a de termes avant lui. Or il y a le le même nombre de termes de part & d'autre.

Concluons de-là , qu'un terme quelconque de la Progreſſion Géométrique , aura toujours pour correſpondant dans la Progreſſion Arithmétique , un terme qui contiendra la raiſon de celle-ci , autant de fois que la raiſon de la premiere eſt facteur dans le terme quelconque dont il s'agit.

224. Donc , *ſi l'on multiplie , l'un par l'autre , deux termes de la Progreſſion Géométrique , & ſi l'on ajoute en même tems les deux*

termes

termes correspondans de la progression arith-
metique, le produit & la somme seront deux
termes qui se correspondront dans ces pro-
gressions.

Car il est évident que la raison sera
facteur dans le produit, autant qu'elle
l'est, tant dans l'un des termes multipliés,
que dans l'autre; & que la raison de la
progression arithmétique sera contenue
dans la somme, autant qu'elle l'est, tant
dans l'un des termes ajoutés, que dans
l'autre.

225. Donc on peut, par l'addition
seule de deux termes de la progression
arithmétique, connoître le produit des
deux termes correspondans de la progression géométrique, en supposant ces deux
progressions prolongées suffisamment.

Par exemple, en ajoutant les deux termes 8 & 24 qui répondent à 9 & 729,
j'ai 32 qui répond à 6561; d'où je conclus
que le produit de 729 par 9, est 6561, ce
qui est en effet.

226. Donc, puisque les nombres na-
turels qui composent la premiere colonne
de la Table ci-dessus, ont été tirés d'une
progression géométrique, qui commence
par l'unité; & puisque leurs logarithmes

Arithmétique. P

font les termes correfpondants d'une pro=
greſſion arithmétique qui commence par
zéro ; il faut en conclure, qu'*en ajoutant
les logarithmes de deux nombres, on a le logarithme de leur produit.*

De-là il eſt aiſé de conclure les uſages
ſuivants.

Uſages de Logarithmes.

227. *Pour faire une multiplication par
logarithmes ; il faut ajouter le logarithme du
multiplicande, au logarithme du multiplicateur ; la ſomme ſera le logarithme du produit ;
c'eſt pourquoi cherchant cette ſomme parmi les
logarithmes des Tables, on trouvera le produit
à côté ,* par exemple, ſi l'on propoſe de
multiplier 14 par 13.

Je trouve dans la petite table ci-deſſus
que le logarithme de 14 eſt 1,146128
& que celui de 13 . . . . . eſt 1,113943

La ſomme   2,260071
Répond dans la même table au nombre
182 qui eſt effet le produit.

228. Pour quarrer un nombre, il ſuffit donc de doubler ſon logarithme ; puiſqu'il faudroit ajouter ce logarithme à lui-
même, pour multiplier le nombre par lui-
même.

229. Par une raison semblable, pour cuber un nombre, il faudra tripler son logarithme ; & en général, pour élever un nombre à une puissance quelconque, il faudra prendre son logarithme autant de fois qu'il y a d'unités dans le nombre qui marque cette puissance ; c'est-à-dire, multiplier son logarithme, par le nombre qui marque cette puissance ; par exemple, pour élever un nombre à la septieme puissance, il faudra multiplier par 7, le logarithme de ce nombre.

230. Donc réciproquement, pour extraire la racine quarrée, cubique, quatrieme, &c. d'un nombre proposé, il faudra diviser le logarithme de ce nombre, par 2, 3, 4, &c., c'est-à-dire, en général, par le nombre qui marque le degré de la racine qu'on veut extraire.

Par exemple, si l'on demande la racine quarrée de 144, ayant trouvé, dans la table, que le logarithme de ce nombre est 2,158362, j'en prends la moitié 1,079181 ; je cherche parmi les logarithmes, à quel endroit se trouve 1,079181 ; il répond à 12, qui est par conséquent la racine quarrée de 144.

Si l'on demande la racine septieme de

128, je cherche, dans la table, fon logarithme que je trouve être 2,107210; j'en prends le septieme, ou je le divife par 7, & je cherche à quoi répond dans la table, le quotient 0.301030, il répond à 2 qui eft en effet la racine feptieme de 128.

231. *Pour trouver le quotient de la divifion d'un nombre, par un autre ; il faut retrancher le logarithme du divifeur, du logarithme du dividende ; chercher dans la table à quel nombre répond le logarithme reftant, ce nombre fera le quotient.*

Par exemple fi l'on veut divifer 187 par 17, je cherche dans la table, les logarithmes de ces deux nombres, & je trouve. . . . .

le logarithme de 187 2,271842
celui de   17 1,230449

La différence 1,041393
Répond, dans la Table, à 11 qui eft en effet le quotient.

Si la divifion ne pouvoit pas être faite exactement, le logarithme reftant ne fe trouveroit qu'en partie dans la table ; mais nous allons enfeigner, ci-après, ce qu'il faut faire dans ce cas.

La raifon de cette regle eft fondée fur

ce que le quotient multiplié par le divifeur, devant reproduire le dividende (74),
le logarithme du quotient, ajouté, (227)
au logarithme du diviſeur, doit donc compoſer le logarithme du dividende ; & par
conféquent le logarithme du quotient vaut
le logarithme du dividende, moins celui
du diviſeur.

232. D'après ce que nous venons de
dire, il eſt très-facile de voir que pour
faire une regle de Trois par logarithmes,
il faut ajouter le logarithme du ſecond
terme, au logarithme du troiſieme ; & de
la ſomme, retrancher le logarithme du
premier.

233. Remarquons que lorſqu'on cherche dans les tables ordinaires, un logarithme réſultant de quelques opérations ſur
d'autres logarithmes, ſi l'on ne trouve de
différence entre le dernier chiffre de ce
logarithme, & celui de la table, que ſur
le dernier chiffre ſeulement, on doit regarder cette différence comme nulle ; parce
que les logarithmes de tous les nombres
intermédiaires à la progreſſion décuple, ne
font qu'approchés à environ une demi-unité
décimale du ſeptieme ordre près.

Des Nombres dont les Logarithmes ne se trouvent point dans les Tables.

2 3 4. Les fractions & les nombres entiers joints à des fractions n'ont pas leurs logarithmes dans les tables ; il en est de même des racines quarrées, cubiques, &c. des nombres qui ne font pas des puiſſances parfaites du degré de ces racines.

Si l'on demande le logarithme d'un nombre entier joint à une fraction, il faut d'abord réduire le tout en fraction, (86), & enſuite retrancher le logarithme du dénominateur, du logarithme du nouveau numérateur. Par exemple, pour avoir le logarithme de $8\frac{3}{11}$, je cherche celui de $\frac{91}{11}$, que je trouve en retranchant 1,041393 logarithme de 11, de 1,959041 logarithme de 91 ; le reſte 0,917648 eſt le logarithme de $8\frac{3}{11}$, puiſque $8\frac{3}{11}$ ou $\frac{91}{11}$, n'eſt autre choſe que 91 diviſé par 11 (96).

2 3 5. La même raiſon prouve que, pour avoir le logarithme d'une fraction, il faut retrancher pareillemedt le logarithme du dénominateur, du logarithme du numérateur ; mais comme cette ſouſ-

traction ne peut fe faire, puifque le logarithme du dénominateur fera plus grand
que celui du numérateur ; on retranchera
au contraire le logarithme du numérateur
de celui du dénominateur ; le refte, qui
marquera ce dont il s'en faut que la fouftraction n'ait pu fe faire, fera le logarithme de la fraction, en appliquant à ce
refte un figne qui marque que la fouftraction n'a pas été entiérement faite. Ce
figne eft celui-ci —, qu'on énonce *moins*.
Ainfi le logarithme de la fraction $\frac{11}{91}$ feroit
— 0,917648 *.

236. Ce figne eft deftiné à rappeller
dans le calcul, que les logarithmes des
fractions doivent être employés, felon
une regle toute oppofée à celle que nous
avons prefcrite pour les logatithmes des
nombres entiers, ou des nombres entiers
joints à des fractions ; c'eft-à-dire, que,
fi l'on a à multiplier par une fraction, il
faut retrancher le logarithme de cette fraction ; fi au contraire l'on a à divifer par

---

* Les nombres précédés du
figne — fe nomment nombres
négatifs. Nous les ferons
connoître plus particuliére-
ment dans l'Algebre : en attendant, nous prévenons que
c'eft en prendre une idée
fauffe, que de les regarder
comme des nombres au-def-
fous de zéro. Il n'y a rien
au-deffous de zéro.

une fraction, il faut ajouter son logarithme.

La raison en est, pour la multiplication,
que multiplier par une fraction revient à
multiplier par le numérateur, & à diviser
ensuite par le dénominateur ; donc, lorsqu'on opere par logarithmes, on doit
ajouter le logarithme du numérateur, &
retrancher ensuite celui du dénominateur,
ou, ce qui revient au même, on doit seulement retrancher l'excès du logarithme du
dénominateur sur le logarithme du numérateur : or cet excès est précisément le logarithme de la fraction. A l'égard de la
division, la raison en est aussi facile à sai-
sir : en effet, diviser par $\frac{3}{4}$, par exemple,
revient (109) à multiplier par $\frac{4}{3}$; donc,
en opérant par logarithmes, il faut ajouter
le logarithme de $\frac{4}{3}$, c'est-à-dire, (234) la
différence du logarithme de 4, au loga-
rithme de 3, ou du logarithme du dénominateur de la fraction proposée, au logarithme de son numérateur.

237. Il peut arriver, & il arrive assez
souvent, qu'en convertissant en une seule
fraction, l'entier & la fraction dont on
cherche le logarithme, il peut arriver,
dis-je, que le numérateur soit un nombre

qui paſſe les limites des tables ; par exemple, ſi l'on demande le logarithme de
$53\frac{811}{5704}$, ce nombre réduit en fraction, revient à $\frac{303133}{5704}$, dont le numérateur paſſe
les limites des tables les plus étendues.

Il eſt donc à propos de ſavoir comment
on peut trouver le logarithme d'un nombre
qui paſſe ces limites.

La méthode que nous allons donner,
n'eſt pas rigoureuſe ; mais elle eſt plus que
ſuffiſante pour les uſages ordinaires. Avant
que de l'expoſer, obſervons :

238. 1°. Qu'en ajoutant 1, 2, 3, &c.
unités, à la caractériſtique du logarithme
d'un nombre, on multiplie ce nombre par
10, 100, 1000, &c. puiſque c'eſt ajouter le logarithme de 10, ou de 100, ou
de 1000, &c. (219 & 227).

2°. Au contraire, ſi l'on retranche 1,
2, 3, &c. unités, de la caractériſtique
d'un logarithme, c'eſt diviſer le nombre
correſpondant par 10, 100, 1000, &c.

239. Cela poſé, qu'il ſoit queſtion
de trouver le logarithme de 357859, par
exemple.

Je ſéparerai par une virgule, ſur la
droite de ce nombre, autant de chiffres
qu'il eſt néceſſaire pour que le reſte puiſſe

fe trouver dans les tables *. Ici, par exemple, j'en féparerai deux, ce qui me donnera 3578,59, qui (28) eft 100 fois plus petit que le nombre propofé 357859.

Je cherche dans les tables, le logarithme de 3578, que je trouve être 3,5536403; je prends en même tems à côté de ce logarithme **, la différence 1214, entre ce même logarithme & celui de 3579, après quoi, je fais cette regle de Trois: fi pour une unité de différence entre les deux nombres 3579 & 3578,

On a 1214 de différence entre leurs logarithmes;

Combien pour 0,59 différence entre les deux nombres 3578, 59 & 3578,

Aura-t-on de différence entre leurs logarithmes, c'eft-à-dire, que je cherche le quatrieme terme d'une proportion, dont les trois premiers font . . . .

1 : 1214 :: 0,59 :

Ce quatrieme terme eft 716,26, ou fimplement 716, en négligeant les décimales ; j'ajoute donc 716 au logarithme 3,553643 de 3578 , & j'ai 3,5537119 pour logarithme de 3578,59 ; il ne s'agit plus, pour avoir celui de 357859 , que d'ajouter deux unités à la caractéristique du logarithme qu'on vient de trouver ; & on aura 5,5537119, pour le logarithme cherché, puisque 357859 est 100 fois plus grand que 3578,59.

Si les chiffres qu'on doit séparer sur la droite, étoient tous des zéros ; après avoir trouvé, dans les tables, le logarithme de la partie qui reste à gauche, il n'y auroit autre chose à faire qu'à ajouter autant d'unités à la caractéristique, qu'on auroit séparé de zéros.

240. S'il s'agit du logarithme d'un nombre accompagné de décimales , on cherchera ce logarithme , comme fi le nombre proposé n'avoit point de virgule ; & après l'avoir trouvé, foit immédiatement dans les tables, foit par la méthode qu'on vient de donner (239), on ôtera autant d'unités à la caractéristique, qu'il y a de décimales dans le nombre proposé, parce qu'ayant confidéré le nombre , comme s'il n'avoit point de virgule ; c'est-à-dire, comme 10, ou 100, ou 1000, &c.

fois plus grand qu'il n'eſt, on doit le rappeller à ſa valeur par une diminution
convenable ſur la caractériſtique de ſon
logarithme (238).

241. Enfin, s'il n'y a que des décimales dans le nombre propoſé ; on cherchera encore ce nombre dans les tables,
comme s'il n'avoit pas de virgule ; &
ayant pris le logarithme correſpondant,
on le retranchera d'autant d'unités qu'il y
a de décimales. dans ce même nombre,
& on fera précéder le reſte du ſigne —;
par exemple, pour avoir le logarithme
de 0,03, je cherche celui de 3, qui eſt
0,477121 ; je le retranche de deux unités,
& appliquant au reſte le ſigne —, j'ai
— 1,522879 pour logarithme de 0,03.
En effet, 0,03 n'eſt autre choſe que $\frac{3}{100}$;
or, pour avoir le logarithme de $\frac{3}{100}$, il faut
(235) retrancher le logarithme de 3, de
celui de 100, & appliquer au reſte le
ſigne —.

Des Logarithmes dont les Nombres ne ſe trouvent point dans les Tables.

242. Cette recherche n'eſt pas moins
néceſſaire que la précédente. Par exem-

ble ; pour la divifion , il arrive rarement que le quotient foit un nombre entier ; or fi l'on fait l'opération par logarithmes , on ne trouvera dans les tables , le logarithme reftant , que quand le quotient fera un nombre entier : il y a une infinité d'autres cas de la même efpèce.

243. Propofons-nous d'abord de trouver à quel nombre répond un logarithme propofé , foit qu'il excéde les limites des tables, foit qu'il tombe entre les logarithmes des tables.

On retranchera de la caractériftique , autant d'unités qu'il fera néceffaire , pour qu'on puiffe trouver , dans les tables , les premiers chiffres du logarithme propofé , ainfi préparé. Si tous les chiffres fe trouvent alors dans les tables , le nombre cherché , fera le nombre même qu'on trouve à côté dans les tables , mais en mettant à fa fuite autant de zéros qu'on aura ôté d'unités à la caractériftique (238).

Par exemple , le logarithme 7,2273467 fe trouve , (après avoir ôté trois unités à la caractériftique), répondre au nombre 16879 ; j'en conclus que le logarithme propofé 7,2273467 , répond à 16879000.

Si l'on ne trouve , dans les tables , que les

premiers chiffres du logarithme , on se conduira comme dans l'exemple qui suit.

Pour trouver à quel nombre appartient le logarithme 5,2432768 , j'ôte deux unités à sa caractéristique ; le logarithme 3,2432768 que j'ai alors , tombe entre les logarithmes de 1750 & 1751 ; le nombre auquel il répond est donc 1750 & une fraction.

Afin d'avoir cette fraction, je retranche de mon logarithme 3,2432768 , le logarithme de 1750 ; & j'ai pour différence 2288.

Je prends aussi dans les tables , la différence 2481 entre les logarithmes de 1751 & 1750 , après quoi je fais cette regle de Trois.

Si 2481 de différence entre les logarithmes de 1751 & 1750,

Répondent à une unité de différence entre ces nombres,

A quelle différence de nombres doit répondre la différence 2288 entre mon logarithme & celui de 1750 ?

Je trouve pour quatrieme terme $\frac{2288}{2481}$; ainsi le logarithme 3,2432768 appartient au nombre 1750 $\frac{2288}{2481}$, à très-peu de chose près ; par conséquent le logarithme propoté qui appartient à un nombre 100 fois plus grand (238), a pour nombre correſpondant 175000 $\frac{228800}{2481}$, c'eſt-à-dire 175092 $\frac{548}{2481}$, ou en réduiſant en décimales, il a pour nombre correſpondant 175092,22.

244. Si le logarithme propoſé tomboit entre ceux des tables, il n'y auroit aucune unité à retrancher à la caractériſtique, & par conſéquent point de zéros à ajouter à la fin de l'opération, qu'on feroit d'ailleurs de la même maniere.

245. Mais comme la proportion que nous employons dans cette méthode, n'eſt pas rigoureuſement exacte *, & qu'elle n'approche de la vérité, qu'autant que les nombres cherchés ſont grands ; ſi le logarithme propoſé tomboit au-deſſous de celui de 1500 ; il faudroit, pour plus d'exatitude, ajouter à ſa caractériſtique autant d'unités qu'on pourroit le faire ſans paſſer les bornes des tables ; & ayant trouvé le nombre qui approche le plus d'y répondre dans les tables, on en ſépareroit ſur la droite, autant de chiffres par une virgule,

---

* Cette proportion ſuppoſe que les différences des logarithmes ſont proportionnelles aux différences des nombres, ce qui n'eſt jamais exactement vrai, mais approche aſſez, quand les nombres ſont un peu grands, & cela ſuffit pour les uſages ordinaires.

qu'on auroit ajouté d'unités à la caraſtériſtique, ce qui ſuffira le plus ſouvent ; mais
ſi l'on veut avoir plus de décimales, on fera
la proportion comme ci-deſſus (243), & réduiſant le quatrieme terme en decimales,
on mettra celles-ci à la ſuite de celles
qu'on a déjà trouvées.

Par exemple, ſi l'on demande à quel
nombre appartient le logarithme 0,5432725;
comme ce logarithme tombe entre ceux
de 3 & de 4, & que le nombre auquel il
appartient, eſt par conſéquent beaucoup au-
deſſous de 1500, je cherche ce logarithme
avec trois unités de plus à ſa caraſtériſtique ;
c'eſt-à-dire, que je cherche 3,5432725 ; je
trouve qu'il tombe entre les logarithmes de
3493 & 3494, d'où je conclus que le nombre cherché eſt 3,493, à moins d'un millieme près. Mais ſi cette approximation ne
ſuffit pas, je prendrai la différence entre mon
logarithme & celui de 3493, c'eſt-à-dire,
739 ; je prendrai pareillement la différence 1243 entre les logarithmes de 3494
& 3493, & je chercherai, en raiſonnant
comme ci-deſſus (243), le quatrieme terme
d'une proportion qui commenceroit par
ces trois-ci . . . .

$$1243 : 1 :: 739 :$$

Ce

Ce quatrieme terme, évalué en décimales, eſt 0,594; donc le nombre cherché
eſt 3,493594.

Au reſte, cette ſeconde approximation
eſt bornée, parce que les logarithmes des
tables n'étant exacts qu'à environ une
demi-unité décimale du ſeptieme ordre
près, les différences ſont affectées de ce
léger défaut; mais on peut toujours pouſ-
ſer l'approximation avec confiance, juſqu'à trois décimales au ſurplus il eſt rare
qu'on ait beſoin d'aller juſques-là. La
remarque que nous faiſons, doit diriger
auſſi dans l'uſage que nous avons fait ci-
deſſus (239 & 243), de la même proportion.

246. Si l'on veut avoir la fraction
à laquelle répond un logarithme négatif
propoſé, on retranchera ce logarithme de
1, ou 2, ou 3, ou 4, &c. unités, ſelon
l'étendue des tables; & après avoir trouvé
le nombre qui répond au logarithme reſtant,
on en ſéparera ſur la droite, par une virgule, autant de chiffres qu'il y aura eu
d'unités dans le nombre dont aura retranché
le logarithme.

Par exemple, ſi l'on demande à quelle
fraction appartient — 1,532732, je re-

Arithmétique.   Q

tranche 1,532732 de 4, & il me refte
2,467268 qui dans les tables fe trouve
entre les logarithmes de 293 & de 294;
j'en conclus que la fraction cherchée eft
entre 0,0294 , & 0,0293 ; c'eft-à-dire,
qu'elle eft 0,0293 , à moins d'un dix-millieme près. En effet , retrancher de 4, le logarithme propofé 1,532732 , c'eft (236)
multiplier 10000 par la fraction à laquelle
appartient ce même logarithme propofé,
ou (ce qui eft la même chofe) , c'eft multiplier cette fraction par 10000; donc le
nombre qu'on trouve eft 10000 fois trop
grand , il faut donc le compter pour des
dix-milliemes.

Tout ce que nous venons de dire , trouvera abondamment des applications par
la fuite. Bornons-nous , quant à préfent,
à donner une idée , par quelques exemples , des avantages que les logarithmes
procurent pour la facilité & la prompti-
titude des calculs.

Exemple I.

On demande le quotient de 17954
divifé par 12836 , approché jufqu'à moins
d'un dix-millieme près.

Logarithme de 17954 . . 4,254161
Logarithme de 12836 . . 4,108430
$$\overline{\hspace{3cm}}$$
reste 0,145731

Ce reste, cherché dans les tables, avec une caractéristique plus forte de quatre unités, répond à 12987 ; donc (258) le quotient cherché est 1,3987.

EXEMPLE II.

On demande la racine cubique de 53, à moins d'un millieme près

Le logarithme de 53 est 1,724276
Son tiers (230) est 0,574759

Ce dernier cherché dans les tables avec une caractéristique plus forte de trois unités, répond à 3756, donc (238) la racine cherchée est 3,756.

Pour juger de l'avantage des logarithmes, on n'a qu'à chercher cette racine par la méthode donnée (156). Il ne faut pas pour cela regarder cette derniere comme inutile ; car elle s'étend à une infinité de nombres auxquels les logarithmes n'atteindroient pas, par rapport aux bornes des Tables.

Q 2

E x e m p l e III.

Veut-on avoir, à moins d'un centieme près, la racine cinquieme du cube de 5736?

On triplera le logarithme 3,758609, de 5736, & on aura 11,275827, pour logarithme du cube de 5736. Prenant le cinquieme de ce dernier logarithme, on a 2,255165, pour logarithme de la racine cinquieme du cube de 5736. Ce logarithme, cherché dans les tables, avec une caractéristique plus forte de deux unités, pour avoir des centiemes, répond entre les nombres 17995 & 17996; la racine cherchée est donc 179,95 à moins d'un centieme près.

E x e m p l e IV.

Qu'il soit question de trouver quatre moyens proportionnels géométriques, entre $2\frac{2}{3}$, & $5\frac{3}{4}$?

Il faudroit (215) pour avoir la raison qui doit régner dans la Progression, diviser $5\frac{3}{4}$ par $2\frac{2}{3}$, & extraire la racine cinquieme du quotient.

Par logarithmes, cette opération est très-simple. Je détermine par les tables, le logarithme de $5\frac{3}{4}$ ou $\frac{23}{4}$; c'est 0,759668.

Je détermine pareillement le logarithme de $2\frac{2}{3}$; c'eft 0,425969. Je retranche donc (231) ce logarithme du premier ; & j'ai 0,333699 ; prenant donc (230) le cinquieme de ce dernier, j'ai 0,066740 pour le logarithme de la raifon cherchée. Ce logarithme, cherché dans les tables , avec une caractériftique plus forte de 4 unités pour avoir quatre décimales, répond à 11661 , à moins d'une unité près ; donc la raifon eft 1,1661, à moins d'un dix-millieme près. Il ne s'agit donc plus , pour avoir les moyens proportionnels, que de multiplier le premier terme $2\frac{2}{3}$, par 1,1661 , puis le produit , par 1,1661 , & ainfi de fuite.

Mais ces opérations peuvent être faites beaucoup plus promptement , à l'aide des logarithmes, en ajoutant confécutivement au logarithme 0,0425969 du premier terme $2\frac{2}{3}$, le logarithme 0,066740 de la raifon, fon double , fon triple , & fon quadruple ; enforte qu'on aura 0,492709 , 0,559449 ; 0,626189 ; 0,692929 pour les logarithmes des quatre moyens proportionnels demandés. Et fi l'on cherche ces logarithmes, dans les tables , avec trois unités de plus à la caractériftique , on trouve que ces quatre moyens proportionnels font 3,109 ; 3,626 ; 4,228 ; 4,931.

R E M A R Q U E.

Lorfque dans une opération où l'on fait ufage des logarithmes , il s'en trouve quelques-uns que l'on doit retrancher , on peut fimplifier l'opération , par l'obfervation fuivante.

Lorfqu'on a à retrancher un nombre quelconque , d'un autre qui eft l'unité fuivie d'autant de zéros qu'il y a de chiffres dans le premier , l'opération fe réduit à écrire la différence entre 9 & chacun des chiffres du nombre propofé , à l'exception du dernier , pour lequel on écrit la différence entre 10 & ce chiffre. Par exemple , fi j'ai 526927 à retrancher de 1000000 ; je retranche fucceffivement , les chiffres 5 , 2 , 6 , 9 , 2 , de 9 ; & le dernier chiffre , je le retranche de 10 , & j'ai 473073 pour refte.

Ce refte eft ce qu'on appelle le *Complément arithmétique* du nombre propofé.

La fouftraction faite de cette maniere , étant trop fimple , pour pouvoir être comptée pour une opération , il s'enfuit que lorfqu'on aura à former un réfultat , de l'addition & de la fouftraction de plufieurs nombres, on pourra toujours réduire l'opération, à l'addition. Par exemple, s'il s'agit d'ajouter les deux nombres 672736, 426452, & de retrancher de leur fomme, les deux nombres 432752, 18675 : ce qui exige deux additions & une fouftraction ; je fubftitue à cette opération, la fuivante.

$$672736$$
$$426452$$

Complément Arith. de 432752....567248
Complément Arith. de 18675 981325

$$\text{fomme.........2647761}$$

c'eft-à-dire, que j'ajoute enfemble les deux premiers nombres propofés, & les complémens arithmétiques des deux derniers ; la fomme eft 2647761. Il faut en fupprimer le premier chiffre 2, & les chiffres reftans 647761 font le réfultat cherché.

La raifon de cette opération eft facile à fentir, en remarquant que fi au lieu de retrancher 432752, comme on le propofoit, j'ajoute fon complément arithmétique, c'eft - à - dire, 1000000 moins 432752 ; je fais en même tems la fouftraction propofée, & une augmentation de 1000000, c'eft-à-dire, d'une dixaine

Q 4

au premier chiffre du réfultat ; donc pour chaque complément arithmétique que j'aurai introduit, j'aurai une dixaine de trop à l'égard du premier chiffre du ré-fultat.

L'application de ceci, aux logarithmes, eft évidente.

Qu'il foit queftion, par exemple, de divifer 3760, par 79. Il faudroit retrancher le logarithme de 79, de celui de 3760. Au lieu de cette opération, j'écris. . . . . .

log. 760. 3,575188
compl. arith. du log. de 79 8,102373

                 fomme . . . . . +1,677561

Ainfi 1,677561 eft le logarithme du quotient, & répond à 47,59 à moins d'un centieme près.

Suppofons, pour fecond exemple, qu'il foit queftion de multiplier $\frac{675}{527}$ par $\frac{952}{377}$; il faudroit (106) multiplier 675, par 952; & 527, par 377; puis divifer le premier produit, par le fecond. Par logarithmes, on opérera ainfi . . . . . .

log. 675 2,829304
log. 952 2,978637
complt. Arith. du log. de 527 . . 7,287189
complt. Arith. du log. de 377 . . 7,423659

        fomme 20,509789

le logarithme du produit eſt donc 0,509789 qui, cherché avec trois unités de plus à la caractériſtique, répond à 3,234.

On peut faire uſage du complément arithmétique, pour mettre les logarithmes des fractions ſous la même forme que ceux des nombres entiers, & les employer de même dans le calcul; par-là on évitera la diſtinction des logarithmes négatifs, & des logarithmes poſitifs. Il ſuffira de ſe ſouvenir, que la caractériſtique du logarithme des fractions, proprement dites, eſt trop forte de 10 unités.

Par exemple, pour avoir le logarithme de $\frac{3}{4}$ qui n'eſt (96) autre choſe que 3 diviſé par 4; au lieu de retrancher le logarithme de 4, de celui de 3; c'eſt-à-dire, de retrancher le logarithme de 3, de celui de 4, & de donner au reſte le ſigne —, (205); au logarithme de 3, j'ajoute le complément arithmétique du logarithme de 4;

log. 3 0,477121
complt. Arith. du log. 4 9,397940

ſomme 9,875061

Cette ſomme eſt le logarithme de $\frac{3}{4}$, dont la caractériſtique eſt trop forte de 10 unités. Or il n'eſt pas néceſſaire de faire actuellement la diminution; on peut la rejetter à la fin des opérations dans lefquelles on emploiera ce logarithme.

La même regle s'applique aux fractions décimales : ainfi pour avoir le logarithme de 0,575 , qui n'eft autre chofe que $\frac{575}{1000}$, au logarithme de 575 , j'ajouterois le complément arith. du logarithme de 10000.

En employant ainfi , les complémens arithmétiques , au lieu des logarithmes négatifs des fractions , il n'en eft pas plus difficile de trouver dans les tables , les valeurs , en décimales , de ces mêmes fractions. Dès que je faurai qu'un logarithme propofé , eft, ou renferme un ou plufieurs complémens arithmétiques ; je fais que fa caractériftique eft trop forte , d'autant de dixaines qu'il y entre de complémens arithmétiques ; ainfi fi elle paffe ce nombre de dixaines , il fera facile de 'a diminuer , & de trouver le nombre auquel appartient ce logarithme , & qui fera un nombre entier , ou un nombre entier joint à une fraction.

Mais fi la caractériftique eft aü-deffous du nombre des dixaines qu'elle eft cenfée renfermer de trop ; elle appartient certainement à une fraction , que je trouverai en cette maniere : je chercherai , par ce qui a été dit (242 *& fuiv.*) à quel nombre répond le logarithme propofé ; & lorfque je l'aurai trouvé, j'en séparerai, par une virgule, autant de dixaines de chiffres sur la droite, qu'il y aura de dixaines de trop, dans la caractéristique.

Par exemple, si l'on me donnoit 8,732235 pour logarithme résultant d'une opération dans laquelle il est entré un complément arithmétique. Je vois, puisque sa caractéristique est au-dessous d'une dixaine, qu'il appartient à une fraction. Je cherche d'abord (242) à quel nombre répond 8,732235, considéré comme logarithme de nombre entier; je trouve qu'il répond à 539802500; séparant 10 chiffres, j'ai 0,0539802500 pour valeur très-approchée de la fraction qui répond au logarithme proposé.

Mais comme il est très-rarement nécessaire d'avoir ces fractions à un tel degré de précision, on abrégera, en diminuant tout de suite la caractéristique du logarithme proposé, autant qu'il est nécessaire pour la faire tomber parmi celle des tables, & prenant seulement le nombre correspondant; on séparera autant de chiffres de moins que ne le prescrit la regle précédente, autant de moins, dis-je, qu'on aura ôté d'unités à la caractéristique. Ainsi, dans le cas présent, je diminuerois la ca-

raƈtériſtique, de 5 unités : & ayant trouvé
que le nombre correſpondant, eſt 5398,
j'en ſéparerois ſeulement cinq chiffres, &
j'aurois 0,05398.

Dans les élévations aux puiſſances ; il
faudra obſerver, qu'en multipliant (229)
le logarithme, par le nombre qui marque
le degré de la puiſſance, il ſe trouvera
qu'on multipliera auſſi, ce dont la caraƈtériſtique ſe trouvera être trop forte. Ainſi ;
en élevant au cube, par exemple ; s'il entre un complément arithmétique dans le
logarithme propoſé, c'eſt-à-dire, ſi la caraƈtériſtique eſt trop forte de 10 unités,
celle du logarithme du cube ſera trop
forte de 30 unités ; & ainſi des autres. Il
ſera donc facile de la ramener à ſa juſte
valeur.

Dans les extraƈtions des racines ; pour
éviter toute mépriſe, lorſqu'il entrera des
complémens arithmétiques dans les logarithmes dont on fera uſage, on aura ſoin
d'ajouter ou d'ôter à la caraƈtériſtique autant de dixaines qu'il eſt néceſſaire pour
que ce dont elle ſera trop forte, ſoit pré-
ciſément d'autant de dixaines qu'il y a d'unités dans le nombre qui marque le degré de
la racine : & ayant, conformément à la regle ordinaire, diviſé par le nombre qui

marque le degré de la racine, la carac-
riftique fera trop forte, précifément de 10
unités.

Par exemple ; fi l'on demande la racine
cubique de $\frac{276}{547}$; au logarithme de 276,
j'ajoute le complément arithmétique de
celui de 547 . . . .

log. 276 2,440909
complt. Arith. du log. de 547 . . 7,262013

fomme 9,702922
à la caraétériftique de laquelle . . . .
j'ajoute 20,

29,702922

afin qu'elle devienne trop forte de 3 dixaines, & j'ai 29,702922 dont le tiers
9,900974 eft le logarithme de la racine
cubique demandée, mais avec dix unités
de trop à la caraétériftique ; ainfi, conformément à ce qui a été obfervé ci-deffus,
je trouve que cette racine cubique eft
0,7961 à moins d'un millieme près.

L'ufage des compléments arithmétiques,
eft principalement utile dans les calculs de
la Trigonométrie, & par conféquent dans
plufieurs des opérations du Pilotage que
l'on veut faire avec une certaine exaétitude.

F I N.

Extrait des Regiſtres de l'Académie Royale des Sciences.

Du 21 Novembre 1764.

MEſſieurs CLAIRAULT , & D'ALEMBERT qui avoient été nommés pour examiner *un Cours de Mathématiques à l'uſage des Gardes du Pavillon & de la Marine* , par M. BÉZOUT , en ayant fait leur rapport, l'Académie a jugé cet Ouvrage digne de l'impreſſion ; en foi de quoi j'ai ſigné le préſent Certificat. A Paris , ce 21 Novembre 1764.

GRANDJEAN DE FOUCHY, *Secr. perp. de l'Ac. R. des Sciences.*

PRIVILEGE DU ROI.

LOUIS , PAR LA GRACE DE DIEU , ROI DE FRANCE ET DE NAVARRE : A nos amés & féaux Conſeillers, le Gens tenans nos Cours de Parlement , Maîtres des Requêtes ordinaires de notre Hôtel , Grand-Conſeil, Prévôt de Paris , Baillifs , Sénéchaux , leurs Lieutenans Civils , & autres nos Juſticiers qu'il appartiendra : SALUT. Nos bien-amés LES MEMBRES DE L'ACADÉMIE ROYALE DES SCIENCES de notre bonne Ville de Paris , Nous ont fait expoſer qu'ils auroient beſoin de nos Lettres de Privilege pour l'impreſſion de leurs Ouvrages : A CES CAUSES , voulant favorablement traiter les Expoſants , Nous leur avons permis & permettons par ces Préſentes , de faire imprimer , par tel Imprimeur qu'ils voudront choiſir, toutes les Recherches & Obſervations journalieres , ou

Relations annuelles de tout ce qui aura été fait dans les Affemblées de ladite Académie Royale des Sciences, les Ouvrages, Traités ou Mémoires de chacun des Particuliers, qui la compofent, & généralement tout ce que ladite Académie voudra faire paroître, après avoir fait examiner lefdits Ouvrages, & qu'ils feront jugés dignes de l'impreffion, en tels volumes, forme, marge, caracteres, conjointement ou féparément, & autant de fois que bon leur femblera, & de les faire vendre & débiter partout notre Royaume, pendant le temps de vingt années confécutives, à compter du jour de la date des Préfentes; fans toutefois qu'à l'occafion des Ouvrages ci-deffus fpécifiés, il puiffe en être imprimé d'autres qui ne foient pas de ladite Académie : FAISONS défenfes à toutes fortes de perfonnes, de quelque qualité & condition qu'elles foient, d'en introduire d'impreffion étrangère dans aucun lieu de notre obéïffance; comme auffi à tous Libraires & Imprimeurs, d'imprimer ou faire imprimer, vendre, faire vendre, & débiter lefdits Ouvrages, en tout ou en partie, & d'en faire aucunes traductions ou extraits, fous quelque prétexte que ce puiffe être, fans la permiffion expreffe & par écrit defdits Expofants, ou de ceux qui auront droit d'eux; à peine de confifcation defdits Exemplaires contrefaits, de trois mille livres d'amende contre chacun des Contrevenants; dont un tiers à Nous, un tiers à l'Hôtel Dieu de Paris, & l'autre tiers auxdits Expofants ou à celui qui aura droit d'eux, & de tous dépens, dommages & intérêts; à la charge que ces Préfentes feront enregiftrées tout au long fur le Regiftre de la Communauté des Libraires & Imprimeurs de Paris, dans trois mois de la date d'icelles; que l'impreffion defdits Ouvrages fera faite dans notre Royaume, & non ailleurs, en bon papier & beaux caracteres, conformément aux Réglements de la Librairie; qu'avant de les expofer en vente, les manufcrits ou imprimés qui auront fervi de copie à l'impreffion defdits Ouvrages, feront remis ès mains de notre très-cher & féal Chevalier Garde des Sceaux de France, le fieur HUE DE MIROMENIL; qu'il en fera enfuite remis deux Exemplaires dans notre Bibliothéque

publique , un dans celle de notre Château du Louvre ;
& un dans celle de notre cher & féal Chevalier Chan-
celier de France, le Sieur DE MAUPEOU, & un dans
celle dudit fieur Hue de Miroménil ; le tout à peine de
nullité defdites Préfentes : du contenu defquelles vous
mandons & enjoignons de faire jouir lefdits Expofants &
leurs ayans caufe, pleinement & paifiblement, fans fouffrir
qu'il leur foit fait aucun trouble ou empêchement. Vou-
LONS que la copie des Préfentes, qui fera imprimée tout
au long au commencement ou à la fin defdits Ouvrages,
foit tenue pour duement fignifiée , & qu'aux copies
collationnées par l'un de nos amés & féaux Confeillers &
Secrétaires , foi foit ajoutée comme à l'original. COM-
MANDONS au premier notre Huiffier ou Sergent fur
ce requis, de faire pour l'exécution d'icelles, tous Actes
requis & néceffaires, fans demander autre permiffion, &
nonobftant Clameur de Haro , Charte Normande , &
Lettres à ce contraires. CAR tel eft notre plaifir. DONNÉ
à Paris le premier jour de Juillet, l'an de grace mil
fept cent foixante-dix-huit , & de notre Regne le cinquieme. Par le Roi en fon Confeil.

Signe LE BEGUE.

Regiftré fur le Regiftre XX de la Chambre Royale &
Syndicale des Imprimeurs & Libraires de Paris , N° 1477,
folio 582, conformément au Réglement de 1723 , qui fait
défenfes , article 4 , à toutes perfonnes, de quelque qualité
qu'elles foient , autres que les Libraires & Imprimeurs , de
vendre , débiter & faire afficher aucuns Livres pour les
vendre en leurs noms , foit qu'ils s'en difent les Auteurs
ou autrement ; & à la charge de fournir à la fufdite
Chambre huit Exemplaires prefcrits par l'art. 108 du
même Réglement. A Paris , ce 20 Août 1778.

Signé A, M. LOTTIN l'aîné , Syndic,